别睡，我是好玩的催眠书

耿兴永 ◎ 著

兵器工业出版社

内 容 简 介

简单来说，催眠，就是利用人的各种感觉通道，在潜意识和深度感觉的层面来影响人，这样一来，你就可以在"本质"上去影响、改变一个人。

这本书就是要告诉大家，催眠到底是怎么发生的，它对我们的生活有怎样的影响，以及怎样把它应用到生活中的各个方面。每天学习一点催眠术，不仅可以让你的生活更快乐，还能够给自己及周围的人一些积极的心理暗示，这都有利于你的工作越来越顺心、家庭越来越幸福。

图书在版编目（CIP）数据

别睡，我是好玩的催眠书 / 耿兴永编著. —北京：兵器工业出版社，2012.5
ISBN 978-7-80248-741-3

Ⅰ. ①别… Ⅱ. ①耿… Ⅲ. ①催眠术—通俗读物 Ⅳ. ①B841.4-49

中国版本图书馆 CIP 数据核字(2012)第 091989 号

出版发行：兵器工业出版社	责任编辑：刘燕丽 武天宇
发行电话：010-68962596，68962591	封面设计：艾哲文化
邮　　编：100089	责任校对：方加青
社　　址：北京市海淀区车道沟 10 号	责任印制：王京华
经　　销：各地新华书店	开　　本：787mm×1092mm 1/16
印　　刷：北京广益印刷有限公司	印　　张：13
版　　次：2012 年 7 月第 1 版第 1 次印刷	字　　数：160 千字
印　　数：1-5000	定　　价：29.80 元

（版权所有　翻印必究　印装有误　负责调换）

CONTENTS · 目录

第1章　催眠，其实就在你身边

01 困倦，单调情况下的暂时"睡眠" ▸ 2

02 推销员效应 ▸ 5

03 整天没精打采是一种"负催眠" ▸ 7

04 社交中的"情绪云" ▸ 10

05 爱情与催眠 ▸ 12

06 动物可能被催眠吗？▸ 14

07 每一天懂一点催眠术 ▸ 16

第2章　揭开诊疗椅上的神秘面纱

01 催眠与心理治疗 ▸ 20

02 预防和治疗疾病 ▸ 23

03 潜意识是你的秘密 ▸ 26

04 催眠四步法 ▸ 29
05 他容易被催眠吗？▸ 34
06 催眠师都用的小技巧 ▸ 38

第3章　大家都开始喜欢你

01 催眠交友记 ▸ 42
02 大家不喜欢这样的你 ▸ 46
03 面带微笑是秘密武器 ▸ 49
04 引导他人，改变自己 ▸ 52
05 在倾听之中，不知不觉地把对方催眠 ▸ 55

第4章　催眠可以是甜的

01 爱情其实就是一种相互催眠 ▸ 60
02 用"催眠"让他（她）爱上你 ▸ 63
03 魅力=爱情气场 ▸ 68
04 性格"齿轮" ▸ 72
05 警惕爱情生活中的负催眠 ▸ 76

第5章　自我催眠＝个人成功学？

01　你会自我催眠吗？　82
02　催眠能够进行自我激励　88
03　催眠能够提高自律性　91
04　催眠可以保持积极的心态　94
05　催眠可以让思考能力更强　99
06　催眠可以提高分析问题的能力　103

第6章　别总是命令下属

01　"温情式"管理　108
02　学会与下属沟通　111
03　让大家信任你　115
04　尊重下属的意见　119
05　权力≠权威　124

第7章　为你的客户催眠

01 销售=催眠　130
02 发现客户的需求　132
03 让客户喜欢上你　137
04 始终让客户"记住"你　141
05 克服社交恐惧症　145
06 不要害怕被拒绝　150

第8章　让宝贝听你的话

01 管教孩子,用催眠术更有效　154
02 家庭气氛=催眠舞台　158
03 走进孩子的内心世界　161
04 在无形之中影响孩子　164
05 他快乐所以你快乐　168

第9章　催眠的力量大无边

01 午休催眠，五分钟快速补充活力 ▸ 172

02 失眠别担心，催眠让你夜夜好梦 ▸ 175

03 浅眠别烦恼，催眠让你做个睡美人 ▸ 179

04 正视烟瘾，催眠帮你轻松戒烟 ▸ 182

05 催眠减肥，最不需要意志力的减肥法 ▸ 186

06 释放压力，还身心轻松 ▸ 190

07 走出失恋低谷，懂得真正的爱 ▸ 194

08 催眠赐你吸引金钱的能量 ▸ 197

第1章

催眠,其实就在你身边

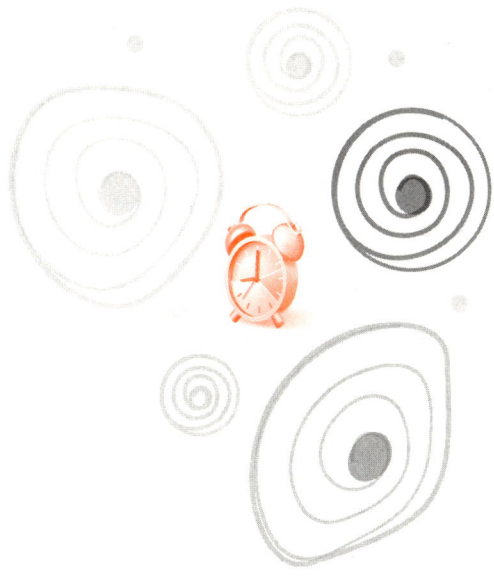

- 01 困倦,单调情况下的暂时"睡眠"
- 02 推销员效应
- 03 整天没精打采是一种"负催眠"
- 04 社交中的"情绪云"
- 05 爱情与催眠
- 06 动物可能被催眠吗?
- 07 每一天懂一点催眠术

01
困倦，单调情况下的暂时"睡眠"

许多人都觉得催眠是很神奇、很神秘的，只有在心理学家的实验室里才有可能发生的现象。比如，一提到催眠，你的头脑里可能会立刻出现一幅画面，一位表情严肃的心理学家，拿着一根类似指挥棒的东西，走到一个看上去不知在思考什么的人面前说："现在，请你按照我的指示，进入到一种睡眠的状态吧。"然后那个人就如同中了魔法一样，在心理学家的指挥下，真的"睡着了"。

这其实只是大家根据影视剧推测出来的臆想。催眠虽然看上去很神秘，但是它在我们的生活中却很常见。只是，由于它表现得并不是那么直接、明显，所以很多人都没在意。

比如一种典型的催眠就是在你比较困倦时下的 "睡眠状态"。有时，你感到很疲惫，思维有些迟钝，很想打一个盹儿。不过，虽然只是很短的一瞬间，你却不是什么都没做。你的大脑进入到一种无意识状态之中，它自动地接收周围环境对你的影响，但你自己却毫无知觉。比如周围的人在说话、走路、吃东西，这些都可能影响到你，你在这期间也会想到很多事情。但当你醒来之后，似乎把刚才发生的事情全都忘记了。但实际上这种影响还是发生了，因为你的精神状况已经不同了，你可能会因为刚才的影响发生些许变化。

其实，刚才所说的"打盹儿"，就是一种短暂的催眠状态，只是它的程度没有那么深，所以你也感受不到它对你强大的影响力。但这种影响还是在无形之中发生了。

即使你没有那么困倦，只是一时精力不集中，或者走神了一会儿，其实就是最常见的催眠状态。你的眼睛看着前方，好像注意力很集中的样子，实际上你的思绪根本不在当下，早不知道跑到哪里去了。旁边走过什么人你也不知道，有人叫你也不应声。即使突然有人叫你，你也很难反应过来。当你清醒过来的时候，又把刚才的事情全忘记了。

有一次，一个80后的男孩儿，突然跑来告诉我，他看到了已经去世的父亲。原来，他的父亲很早就去世了，但他和父亲的感情很好，所以他一直很想念父亲。这一天的中午，他正在小睡，突然之间窗外传来了一些声音，也许是和父亲以前干活时的声音差不多吧，这让他想起了很久以前与父亲一起生活时的场景和父亲对他的好，他突然很感动，结果，就好像真的见到了父亲一样！其实，这也是一种催眠现象。因为在这种情况下，他身体进入到一种被唤醒的状态，潜意识被激发了，然后它们自动引导他回忆，或者去想象很多故事，让他重温了某种情感体验。然后潜意识又沉睡过去，他的意识苏醒过来，又重新控制了他。因为刚才他的意识被突然集中到某一个特殊的位置了，这才使他听到、看到这么多"并不存在"的内容。

这种小睡情况下的催眠，是不需要别人的指引的，它是我们的本能在行动，是我们的身体在引导自己。在更多的情况下，催眠是需要专业的心理医生引导的。不过，通过简单的练习，我们也可以掌握很多自我催眠的技巧，同样可能达到提升你的能力、改善你的情绪与生活的目的。

有一点要注意，催眠可以是随时发生的。当然也不要因此就害怕催眠，甚至把它当成一个可能威胁到生活的事。其实，只要自然地引导自己，它就可以对我们产生积极的作用，我们的内心就可以被修复，能力就可以提升，很多愿望就可以实现。

02

推销员效应

很多广告也是一种对顾客的催眠。

比如常见的一种广告催眠就是推销员效应。即：如果有别人一直不停地劝说你，无论一开始你是多么不情愿，最后你仍有可能听从他们的意见，心理学家把这种情况称为"推销员效应"。尤其是面对一个面容和善、态度亲切、充满鼓动性的人，我们很难控制自己不被他说服。

有一次我和一个朋友去买东西，我们只是打算买一种很普通的空气加湿器。可是一到商场，正赶上促销活动，我们还没开始挑选，就来了几位年轻的导购员，他们带着我们，一会儿看这个，一会儿试用那个。其实我们根本不想买他们介绍的那个牌子的产品，但是他们的态度真的很好，而且无论我们怎样推脱，他们也不生气。结果呢，我们还是买了他们的产品，而且是每人买了一个。当两人捧着沉甸甸的加湿器回来时，一路上还觉得奇怪：怎么就按照他们说的去做了？

很多业绩高的推销员都很擅于利用这一点，据说国外一位优秀的推销员，为了推销一种洗涤用品，曾经三番五次去敲一位家庭主妇的门，即使被泼了一脸的咖啡也没有表现出不高兴的样子，最终他成功了。

当"推销员效应"发生的时候，语言的影响只是其中很小的一部分，还有很大一部分原因是与当时的环境与气氛有关，你还可能没有开口说话呢，别人的一举一动，当时的谈话氛围，就可能已经把你影响了。环境与气氛会在无形中进入到我们的潜意识，然后我们就会被它所控制，有一种身不由己的感觉，就好像浸在某种温水里，感觉很无奈，想挣脱，但是又挣脱不了，最后只好乖乖地"就犯"。

专业的催眠师也很善于使用这种效应。比如在一个安静的房间里，一位面色凝重、表情严肃的心理咨询师对你说："请你按我的引导入睡。"这时，你除了按照他的引导乖乖地去做之外，还能怎么样？其实，房间里的人、物、周围的布置，都是在营造一种气氛，对你产生影响，然后，催眠现象就发生了。

我有一位朋友，宣称自己是从来不看广告的，每次看电视遇到广告时段了，他就把电视换台，或者闭上眼睛，把广告跳过去。可惜他没能一直坚持下去。到了五十岁他退休了，也许是总在家里太烦闷的缘故，不知怎么就改变了习惯，和老伴一起迷上了电视购物，每天一开电视就寻找节目里又有什么新产品，三天两头把节目里推销的产品往家里搬，自己弄不过来，还要别人帮忙。对于自己，他是这样评价的：以前是别人怎么说我都不买，现在还没等别人说呢，我自己就想买了。

"推销员效应"说的是我们很容易受别人影响，对此，你要注意活用它，既要受益于它的存在，又不要受它影响太多。

03 整天没精打采是一种"负催眠"

美国的一位心理学加罗森塔尔为了搞清楚人与人之间是怎样相互影响，就做了一个实验。他和他的助手来到一所小学，声称要对这里的小学生们进行一个"未来发展趋势测试"。在经过一系列的研究评测之后，他们很正式地提出一份名单，告诉学校的老师和家长，凡是上了这份名单上的学生都很聪明，是"很有发展前途者的人"。不过，为了不让孩子产生自满的心理，他又特意叮嘱老师和家长，不要告诉"榜上有名"的孩子们这个测试结果。其实他们只是开了一个玩笑，因为名单上的人根本就是随机挑选出来的，没有做什么研究。不过，几个月后，奇迹却出现了，凡是上了名单的学生，每一个人都有了较大的进步，不仅成绩优秀，在其他方面表现也很突出。

这是怎么一回事呢？

其实，就是因为心理学家的暗示对家长和老师们产生了影响，随后，老师和家长又在无意中影响了孩子们。虽然他们没有把这件事说出来，但是他们的一举一动，都对孩子产生了极大的暗示，孩子们深受鼓励，开始发生积极的变化。

这在心理学被称为"罗森塔尔效应"，或者"期望效应"，它其实也是一种在无形中的催眠。虽然并没有人对你直接说什么，但是他们说话时的语气、态度、说话的方式、一举一动，都能够对你产生很大的影响，让你在不知不觉之中就按照他们的期望改变了。

在生活中"罗森塔尔效应"有着很广泛的应用，如果我们以同样的方式鼓励自己，培养信心，以积极乐观的心态去面对生活，你可以发现很多事情都会如你所愿意。这就是人们常说的"如果你不停地祷告，你的愿望就会实现"的道理。

不过需要注意的是，积极的期望与心理暗示会使我们往更好的方向转变，但消极的期望和暗示，却有可能导致一个人越来越失败。

我在心理咨询中经常会遇到这样的人，其实他们的生活挺美好的，家庭美满、事业成功，可就是不高兴，整天埋怨自己，抱怨别人。结果，他们变得越来越不开心。其实这就是一种"负催眠"。

我就曾遇到过这样一位朋友，大概有二十多岁吧，因为小时候家庭条件不太好，性格有些孤僻，长这么大，还没有交过知心朋友，在事业上也是问题多多。不过，他并没有想办法去改变，反而觉得："我真不行，以后是不是一辈子就这样了？干脆出家当和尚去吧。"其实，他就是一个自怨自怜的人，喜欢对自己进行负催眠。后来，还是经过我的反复开导，他才明白过来，逐渐培养自信，也因此发生了很大的改变。

所以，一定要摆脱这种消极状态。没有什么是不可以改变的，如果你整天唉声叹气，觉得自己不行，那么你就可能真的会不行。

但如果你进行自我鼓励,认为自己能够把事情做好,那你就不会整天为一些小事烦恼。

所以,学点积极的催眠术,用心理暗示去改变自己,当积极的心态日积月累产生作用时,你的整个生活就会发生巨大的变化,那时再想取得什么成绩都不是难事了。

04 社交中的"情绪云"

人与人之间的相处也是一种催眠。为什么这么说呢？因为人与人之间情绪的变化是很容易相互产生影响的。人们常说："如果你对别人微笑，别人就会对你微笑。"说的就是这个道理。如果你对一个人总是拉着脸，不友好，那么他也同样会感觉得到，就可能在无形之中以同样的方式影响你。

你可能会说："我不信，真有这么神吗？我对某个人没好感，他怎么可能知道，我从来都没说出来。"你可不要不信，人与人之间的情绪影响有一种神秘的沟通机制，能够跳过语言表达这个形式，直接对双方产生深刻的影响，即我们所说的直觉。即使你一句话没说，别人也可能感受到你的意图。

我有一位朋友，本来在公司里与同事们相处得还不错，可是有一天，他莫名其妙地被领导训了一顿，他感到很委屈："这一段时间我明明什么都没做啊，又没惹到领导，他怎么这样对我？"原来，他最近一段时间因为家里有一点事，心情不好。本以为谁都不知道，可是坏情绪还是被带到公司，影响到了同事和领导，让他们也很不舒服，结果，领导就找个理由把他教训了一顿。

我的另一个女性朋友，已经到了谈婚论嫁的年龄，但是几次相亲都没成功，其实她人长得很漂亮，也很贤惠，但是为什么就没有人喜欢她呢？这让她很着急。后来我观察了她一段时间，才找到了问题的根源，我对她说："你跟别人相处时，是不是总是愁眉苦脸的啊？"她说："咦，你怎么会知道？"其实她就是那种"冷美人"的性格，见到谁，都是一副不爱说话、不太高兴的冷漠样子。就是这个原因，谈了几个朋友，都被她冷淡的态度给吓跑了。

人与人之间有一种神秘的催眠机制，常常在我们不知不觉之中发生。我们经常看到在舞台上催眠师用手指着一个人，示意他走到自己面前。其实，被指的那个人根本没有看到催眠师的手势，但是他仍然能够感觉得到催眠师的举动，于是就慢慢地走到催眠师的面前。这是怎么发生的？其实，就是我们常说的"第六感"：即使不说话，不行动，也能够感觉得到对方的意图。

所以，一定要注意你的情绪。尤其是那些不好的情绪，不要轻易地发泄出来，否则，它在不知不觉之中对别人产生了催眠式的影响，很可能就让你处于被动的位置。

心理学家常常用"情绪云"来形容一个人所处的心理环境，意思就是说，如果他是快乐的，那么他就总是快乐的，也能够给别人带来快乐。但是如果他是不高兴的，整天一副愁眉苦脸的样子，那么笼罩在他头上的一片片的"乌云"，还会给别人带来负面影响，让别人不敢接近他。所以，快乐地对待每一天，改变自己的心情，再改变别人，这样才是我们应该追求的。

05 爱情与催眠

如果说人与人之间的相处还只是一种轻度催眠的话，那么爱情中的催眠程度就比较深了，如果处理不好，结果可能会对当事人造成非常大的影响。我们会经常看到有一些人，一旦遇到爱情，完全没有自制能力，也不管对方是不是喜欢自己，完全投入到"爱的怀抱"当中。这种感觉，与心理学里的深度催眠是非常相似的，如果处理不好，很可能会给自己的感情生活带来很多烦恼。

比如我的一位朋友，年纪不大，才二十多岁，喜欢上了一个女孩子，自己也说不清为什么，一见到她就神不守舍，不能自拔。于是不管人家喜欢不喜欢他，就开始追人家，每天不是打电话、发短信，再就是守在门口等她。那个女孩其实对他并不是很在意，因为两个人只见过几面。不过我们这位朋友完全没考虑这些，只是觉得："我爱上了她，那么她也一定会爱上我。"每天对着她又是唱，又是跳。结果爱了半天，把女孩子弄得很尴尬，不知道怎么面对他才好。好在两人的感情最后有一个很好的结局。因为男孩子很简单，女孩子反而喜欢上了他，这样，两个人慢慢的走到了一起。

这当然是好事,不过,生活中可不是每一件都能够这么神奇,万一他爱的人不喜欢他呢?那不是白白投入很多又伤了自己吗?

对于爱情,每一个人心里都有一种关于它的心理定势,或者说,我们常常会喜欢上特定类型的人,然后按照这种标准去寻找自己的爱情伙伴。比如有的人会喜欢外表英俊的,有的人会喜欢身材强壮的,有的人会喜欢性格潇洒的,有的人会喜欢文静内敛的等。对于这种情况,我们自己常常一无所知,只是受潜意识的影响,在朦朦胧胧之间觉得我喜欢他/她,一定要得到他/她。一旦遇到这样的人,你就可能会有一种魂不守舍、不能自控的感觉。除了只想要接近对方,完全没有办法让自己平静下来,即使面前是一个火坑,你可能也会毫不犹豫地跳进去。

爱情虽然是快乐的,但如果被完全催眠了,毫无节制地爱上了对方,也很让人头痛。被爱情深深控制的人,就如同处于深度催眠状态下一样,对自己的所作所为一无所知,但是又非常投入。这时,你就可能很危险,做出一些傻事来。

不过,如果我们能够掌握一些催眠的原理,就可能避免这种情况,既能够让对方爱上自己,又不至于让自己爱得死去活来,不知道怎么管住自己才好。很多男孩子或者女孩子,都因为太爱对方,不知道怎么表达自己,或者表达出来也不知道对方是否懂得。但如果你能够懂一点催眠术,往往能够让自己的爱情"开花结果"。

我们将在后面的章节里教大家如何在爱情中催眠,既能让对方深深地爱上你,同时又能够进行自我催眠,让自己成为一个有魅力的人,使你们的感情矢志不渝,相伴到永远。

第1章_催眠,其实就在你身边

06

动物可能被催眠吗？

动物可能被催眠吗？

答案是肯定的。

心理学家常常把动物催眠到很深沉的状态，然后对它们进行观察，看它们的反应。有时我们也会在电视上看到催眠师表演"动物催眠"，对象一般是兔子、鸡、青蛙等。催眠师可能会对着它的耳朵低语几句，或将它的身体翻滚摆弄，或凝视它的眼睛，或者抚弄它的耳朵、羽毛，之后动物就会进入被催眠的状态，任催眠师怎么逗它，它都不会再乱动了。

有人对此很好奇，动物又不是人，它们怎么可能被催眠呢？

其实换个角度想一下就明白了。动物也是有感觉的，也会受到我们的暗示和影响。催眠师实际上就是利用这个道理来影响它们。在抚弄、触摸、对它们说话的时候，实际上就是在与它们的感觉器官进行交流。这样，动物感觉到了人的引导，就会慢慢的进入到一种"昏睡"的状态。

基本可以这样认为，凡是有感觉的动物，都可能被催眠。在美国，我就见过有一位催眠师把一条鱼催眠了。那条鱼本来是正着身体在水里游的，在催眠师的影响下，它变得倒立过来，肚子朝上"躺"了好一会儿。后来催眠师唤醒了它，它才重新翻过身体，游动起来。

也正是由于这个原因，如果我们对于动物进行适当的关怀与引导，它们就可能被我们催眠，听我们的话，乖乖地按照我们"说"的去做。比如很多人训练小猫，小狗，用的都是这个方法。不过，动物的感觉能力毕竟是有限的，所以太复杂的引导它们是接受不了的，只能和他们进行一些简单的交流。

如果你感兴趣的话，也可以尝试一下对家里的小猫、小狗，甚至是鱼进行催眠。我就曾经用一根指引棒，让一条鱼一动不动地坚持了很久。

07

每一天懂一点催眠术

我想如果你能够静下心来，每天学一点催眠术，将会对你的生活产生极大的影响。为什么这么说呢？原因在于，我们都是社会人，没有谁是可能脱离别人存在的。只要你学会用催眠术去影响别人、改变别人，甚至影响自己，你就有可能取得成功。

我们常说，谁家的老公又升职了，谁家的孩子又考上大学了，谁又找到喜欢他/她的人了，谁更漂亮、生活美满了，等等。他们是怎么成功的，你知道吗？其实，你可能想不到，很多人都是在无意之中使用了一点催眠术才成功的。当然，这里所说的催眠术，并不是心理医生所学的专业课，而是要学会在无形之中感染别人、影响别人，尤其是用语言之外的情绪、身体语言、暗示去影响别人。这种催眠术虽然表面上很微小，但是却极为持久，对人的影响往往更大，会更有效地改变你的生活。

我有个朋友克西，性格古怪，很固执，跟谁都相处不好。领导本来还很喜欢他的，但因为他总是固执己见，渐渐地对他也没了好感。结果，他在单位里的地位越来越差，谁都不理他，等他发现的时候也已经晚了。这让他很着急,不想这样就成为与每一个人都对立的人。后来,我对他说:"你学一点催眠术吧,每天对着镜子里的自己笑三分钟,再对别人微笑,看看结果会怎么样。"他一开始还不信,觉得这根本不可能,就这样笑笑,怎么可能对别人有改变。可是在我的劝说下,他终于决定试一下,没想到,第一天就有效果了。那一天领导对他的态度改变了很多,中午还叫他一起去吃饭,要知道,他们可很久没在一起吃过饭了。又过了几天,他兴冲冲地跑来对我说:"真的有用,同事们也开始喜欢我了。"经过他的尝试,公司领导重用他了,同事们喜欢他了,工作环境改善了很多,工作业绩也越来越好了。

我的一个学生的孩子一直不听话,两个人总是闹别扭,她说东,孩子就往西,这让她很头痛。她想,不能总这样下去啊!可是怎样才能够改变呢?我知道这件事情以后对她说:"你不妨学点催眠术吧,试着去改变孩子一下。"她一听就笑了:"这怎么可能呢,我和她关系不好,和催眠有什么关系?"我说:"怎么不可能!正是因为你不懂怎样去管孩子,他才不听你的话,如果你懂一点催眠术,你们之间的相处一定会变得很容易。"她按照我说的去做,不再像以前那样挑剔、责备孩子,而是处处关心、引导孩子,让孩子在不知不觉之中感到她是一个容易沟通的妈妈。结果,孩子真的发生了变化,不仅懂事了许多,她们的感情也越来越深厚了。

生活中我们天天与同事,朋友,家人相处,但是往往我们又不知道怎样与人相处。这时催眠就可以派上用场。用催眠的方法,不仅可以使你和别人的关系更融洽,更重要的是,你还能够用它在潜移默化之中去改变对方,让大家都愿意帮助你。而且,催眠还能够深入你的潜意识，改变你自己，激发潜能，改善身心状况，让你更成功。

催眠还可以用在教育孩子、改善家庭关系、增进夫妻感情上。对于那些看不见爱情的人来说，催眠还可以迅速地让他们找到理想的男女朋友，让对方把他（她）当成自己的唯一。

这么说来，生活中的每一件事情都可以用到催眠。如果不信的话，就从现在开始尝试一下吧。

第2章
揭开诊疗椅上的神秘面纱

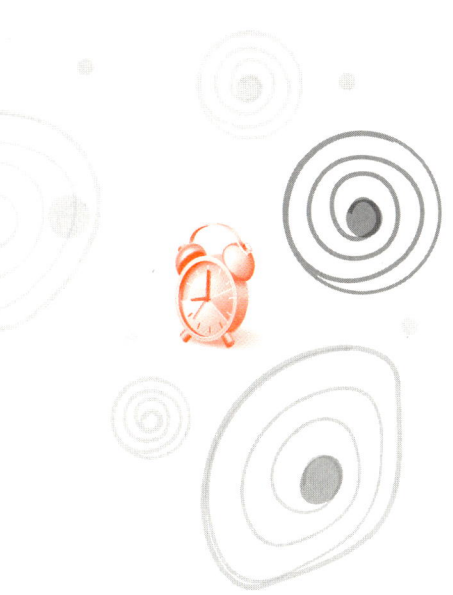

- 01 催眠与心理治疗
- 02 预防和治疗疾病
- 03 潜意识是你的秘密
- 04 催眠四步法
- 05 他容易被催眠吗?
- 06 催眠师都用的小技巧

01
催眠与心理治疗

大多数人对催眠的想象是,一个表情严肃的催眠师,嘴里说着神奇的"咒语",指挥着一大群人,做各种表演,看起来十分滑稽。其实,这是对催眠的误解。在专业的心理治疗领域,催眠可不是这么随意的,要进行很复杂的准备工作。比如专门的治疗房间,治疗场景的布置,专业的灯光。尤其是专业的心理治疗师,他们对于何时把一个人催眠,何时该对他进行心理干预,应该给以怎样的帮助,怎样把他唤醒,等等,都会进行严格地把关。因为一旦有疏忽,就会对人产生影响。

在生活中,很多人都存在着某种程度的情感压抑与心灵创伤,但是这些情绪在通常情况下是无从得知的,甚至连他们自己也不知道什么时候产生的这些负面情绪。这时就可以通过催眠,帮助他们把负面情绪释放出来。

我的一位患者,大概有三十多岁吧,最近一段时间总是心神不宁,情绪很糟,不论做什么事情都提不起兴趣来,经常一个人闷闷不乐,很长时间都不和别人来往。他也不知道自己为什么心情会这么坏,最后甚至与人的交流都成了问题。我的检查结果表明,他有点轻度抑郁。但是要说到抑郁的原因,他也说不清楚。对于这种情况,只能用催眠的方法去尝试着改变。

当我引导他进入到催眠状态下之后,他一下子就变了,刚才还是一个闷罐子,现在好像变成了一个软弱的大男孩。向我倾诉了很多事情。原来他最近一直比较焦虑,工作中有一个重大的项目没有完成,家庭生活中问题也比较多,夫妻生活多年,感情却越来越淡,久而久之,这一切让他觉得很疲惫,这才有了抑郁的倾向。听完之后,我鼓励他说:"生活,要向前看,看到好的方面,你的问题就可以解决了。多与妻子沟通,在事业方面再灵活一些,生活总是会有改变的。"他听了,若有所思地点点头,好像明白了许多。

等到他醒来的时候,好像大睡了一场,对于刚才发生的事情,他能够回忆起来的很少,但是他感觉特别轻松,对我也表示十分感谢,他说:"很久没有这样的感觉了,我现在真的很放松。"

催眠就是这样,它可以让你完全展现自我,敞开心扉,把你内心的压抑和秘密全都说出来。等到你内心的压抑释放出来之后,就会感到轻松和愉快,心情也好了,心理问题往往就可以得到解决。

同时,在催眠状态下,不管你说什么,心理治疗师都可以对你有一种无条件的接纳,绝不会对你有所歧视。有了这样的包容和理解,你遇到什么样的问题都不会觉得难,感到特别受鼓舞和被支持,生活也会充满阳光。

又比如有一个女人,大概有三十多岁吧,人长得很漂亮,事业、家庭各方面都很好,孩子也很健康。但她对我说,自己就是整天不高兴,每天一起床就想着这一天该怎么过,常常是一个人在家呆了一整天,还是没理出个头绪。怎么会有这样的心情呢?她自己也说不出来。没办法,我只能尝试给她催眠。

在催眠的状态下,她说出了很多内心的秘密。原来,她与老公结婚多年,虽然感情一直还不错,但总是缺乏一种坦诚相对的感觉,由于缺乏亲近的交流,让她在这个家里,总有一种陌生感。孩子一天天地长大,反而更让她觉得自己与家人好像总是隔隔不入。与同事、朋友也很难亲近,生活中没有什么可以交心的人,这让她觉得很孤独,所以才变成现在这样。

对此,我鼓励她说:"有问题一定不能闷在心里,要和你老公多沟通,让他知道你的真实想法,这样你们的关系才会改变。你不说,他怎么会知道你在想什么呢?生活中要多交朋友,不要把自己封闭起来,只要你尝试着去改变,我想你一定会重新快乐起来。"经过我的劝导,她果然改变了许多。不再像以前那样闷闷不乐,回去以后多和老公的沟通,她的婚姻状况改变了很多,心情也不像以前那样忧郁了。

在催眠状态下,我可以了解一个人内心的很多的问题和秘密,发现他们隐含的心理阴影。我通过专业的疏导和整理,帮助他们改变。不仅如此,对于那些整天不开心的人,我还可以通过自我催眠的方法帮助他们改变。如果有一个人整天闷闷不乐,我会要求他每天对着镜子里的自己说:"我这是怎么了,我很快乐,我其实就是快乐的,我会改变,重新振奋起来!"虽然只是简单的几句话,也能够起到很好的治疗效果。

中国人很保守,听说谁要是去进行心理治疗,就觉得他离神经病不远了。其实在国外,大家都定期与心理咨询师聊天。这样一来,心里的小情绪就不会积累下来,而是越活越精神了。

02

预防和治疗疾病

催眠不仅对于很多心理疾病有很好的调节作用,甚至对于很多生理上的疾病,同样也有改善,甚至是治疗的作用。

比如有一位患者,是多年的老胃病了,一到天气寒冷、心情不好的时候就不能吃饭了,胃疼得直叫,只好天天喝粥。可是那么大的一个人,整天靠一点粥过日子,那怎么行啊?于是我决定用催眠来改变他。

在催眠状态下,我要求他用心感觉自己的胃部,他的胃总是很痛,很胀,因此他目前的感觉是很不舒服,好像揣着一块大石头一样。

我要求他一再的放松,然后重新感觉胃部,当他再次说有那种沉重感的时候,我告诉他:"你身体里那种感觉在渐渐地消失,不再那么沉重,而是变得很轻松,有一种很愉快的放松感。"

"你现在再体验一下,是不是改变了很多?"

他听了我的劝解,深深地吸了一口气,细细地品味了很久,然后,他点点头,说:"真的好了许多。"

我要求他一再重复这一过程。经过几次治疗，他的生活真的有了很大的改变。有一天他笑着跑来说："我的胃病真的好了，好多年都没改变，因为催眠好了，真是出乎我的想象。"

催眠就是这样，它可以很好地调整我们自己，帮助我们克服伤痛和疾病，给我们的身心带来益处。

催眠还可以治疗许多疾病。

比如对于戒烟，有心理学家的研究表明，催眠对于戒烟有高达80％的成功率。催眠可以让病人放弃烟瘾，甚至对吸烟产生厌烦的感觉，同时它还可以消除因为戒烟产生的不良影响。

催眠对于治疗失眠也是很有帮助的。有大约50％的患者通过催眠改变了自己的睡眠状况。催眠可以很好地调节一个人的心理与情绪，改变不合理的生理节奏，让人心情平静舒缓，从而获得一种健康的休息方式。

催眠可以治疗很多生活中常见的小病痛，比如头痛、牙痛、神经痛等，在有些情况下，它还可以在一定程度上替代麻醉药进行手术，减少对身体的伤害。

很多情绪问题如紧张、易怒、焦虑、恐惧、忧郁、难以自拔等，都可以用催眠来调节。同时催眠还可以治疗怯场、记忆力减退，甚至是很多夫妻生活中的问题也可以用它来改变。

很多慢性疾病也可以通过催眠来改善，比如心律不齐、心脏病、胃炎、慢性鼻炎、哮喘等，对于这些疾病，催眠可以起到调整微循环功能，帮助人体恢复健康的效果。

催眠还可以帮助减肥和治疗食欲过盛，它可以帮助你克服对食物的强烈的依赖心理，从心理上消除对于节食的恐惧感。

催眠对于严重的毒瘾也是有很好的治疗作用的，此外对于人格障碍、强迫型人格等也有改善的功效。

虽然催眠有这么多的用处，但在这里要提醒你，不能因此把它当"魔法"而不去医院看病了。因为它毕竟还是属于一种心理调节术，虽然它很有用，但是要与其他的医疗方法结合起来治疗才更彻底。

03
潜意识是你的秘密

每个人都有潜意识，它就像是一股巨大的潜流，虽然你看不到，但是它却在无形中之影响着我们的生活。可以这样讲，我们80%的思想和行为是靠潜意识支配的。一旦潜意识出了问题，那么我们的生活将会变得很难掌控。所以发现和了解潜意识就显得非常重要。

由于潜意识非常隐蔽，所以大家对它的了解很少。但催眠就不一样了，它可以把一个人带入到"沉睡状态"，之后，他会不自觉地把一直想说又不敢说的话表达出来，这样我们就可以发现隐藏在一个人内心的很多秘密，从而为我们认识和改变人的潜意识提供了一种很好的方法。

生活中我们常常会有一种莫名其妙的感觉，比如突然感到快乐、忧伤、愤怒等，这时你就要小心了，因为你的潜意识很可能已经被唤醒，你很快会进入到一种准催眠状态。

有一个美国教授，他曾遇到过一个表情严肃、神色紧张的男人找他。这个男人手里拿着一个纸袋，里面不知道装着什么，看上去很危险的样子。教授也感到紧张，不知道他的目的是什么。可是他既然来了，又不能把他扔在一边，只好和他聊了起来，在聊天的过程中，他发现这个人说话时心神不宁，不知道自己在说什么，而且总是抬头不停地张望。

于是教授想到一个办法，他先用平缓的语气和这个人说话，让他逐渐地安静下来，然后跑到另外一个房间里拿了一杯水，在里面偷偷地放了一小片有助于安神的药给这个人喝下去。当两个人再说话的时候，那个人卸下了防备，开始进入到昏睡状态，这样，教授很容易就把他催眠了，问出他内心的很多秘密。原来，这个人有很多不良纪录，而且，由于这些过去的事情，他总觉得生活中有人歧视他。因此对别人的态度总是很愤恨，一直抗拒与任何人接触。但是这一次来，却是因为他意识到了自己有很多问题，想改变自己，又不知道怎么办才好，所以很想找一个人倾诉一下。

当得知这些情况时，教授一下子明白过来，他是一个心里有创伤的人，需要专业的帮助。于是对他进行了有效的心理辅导，告诉他怎样才是积极的人生，怎样才能得到快乐。等到这个人醒来的时候，虽然他已经记不起来刚才发生了什么，但他已经完全平静下来了，而且乐观了很多，心态改变了不少。就这样，教授用自己的机智，既帮助了病人，又为自己化解了危机。

一个人在正常情况下可以随意地接触周围的人与事物，可是潜意识相对而言就不具备这个条件，如果没有催眠，潜意识永远是被遗忘的角落；如果没有催眠，永远都没有人知道潜意识的存在。有了催眠，我们就可以缓慢地进入到一个人的内心世界，发现他内心的许多"伤疤"并帮助他改变。正是由于这个原因，很多心理学家都把催眠作为心理治疗的一个重要的手段。

在催眠状态下，我们可以把各种积极的指令、暗示，灌输到一个人的潜意识当中，那就可能从根本上改变他。这种改变往往比表面的改变更彻底，更有用。

不仅如此，生活中我们也可以用同样的方法去改变别人，在"无意识"之中、潜在地影响别人，往往可以取得更好的效果。催眠不仅可以在诊疗椅上改变别人，在生活的各个角落里都可以对人产生影响，只要我们学会了催眠术，就可以让我们自己，让别人都更快乐。

04

催眠四步法

在专业的心理治疗领域,催眠是一个很复杂的过程,因为它涉及到放松练习、心理引导、康复训练等很多的问题,因此是很难掌握的。不过在生活中,如果我们想对一个人进行一定程度的催眠,就不需要那么复杂,只要掌握几个简单的步骤就可以了。

很多心理学家通过多年的实践总结出来四个步骤,它们既简单又实用,而且很有效果,只要你肯用心学习,也能够掌握催眠的要领,到那时,你也可以称得上是一个小小的"心理学家"了。四个步骤是:

第一步:对被催眠者有比较深入的了解。

有人可能会说,我在电视上看催眠表演,有很多人几乎第一次见到催眠师就被催眠了,难道催眠师对他们也有很深的了解吗?实际上,这种情况与我说的第一步并不矛盾,你可以把它叫做"撒大网捕鱼"。想象一下,如果我在大庭广众之下宣称:"有谁愿意上来被我催眠?"那么上来的人十有八九是有着强烈的好奇心,甚至还有人本身就是有着强烈的催眠意愿,因此他们很容易就被催眠了。在生活中，如果我们对一般大众进行催眠，就没有这么简单了。首先必须了解他们的性格、爱好等多方面的特点，才容易催眠成功。

比如我曾把一个人催眠成一块"铁板"。其实就是要求他挺直胸膛、身体平直地躺在两把椅子之间（头和脚分别放在一张椅子上），然后在他的身体上又站上一个人。在生活中他可能根本承载不了这个重量，但是催眠状态下的他却完全没有问题，这是怎么做到的呢？实际上就是因为我非常了解他。他在生活中比较软弱，不敢表达自己，于是我从自信心这个角度去引导他，让他在催眠状态下集中精力，挺直身体，然后他的身体就会变得特别强大。接着让他绷紧身体，想象自己能够承载任何东西，结果，当他的身体上再站一个人时，他完全可以承受了。

在生活中如果你想把一个人催眠，就要对他的年龄，社会地位，家庭婚姻情况，对人对事的态度，感情倾向等细节有充分的了解，这样你们之间就很容易建立信任关系，催眠也就成功了一半。

第二步：对被催眠者进行适当的引导。

在催眠的时候，我一般会要求被催眠者安静地半躺在一张舒适的长椅上，闭上眼睛或者凝视眼前的一个物体。然后我坐在他旁边，最好不要出现在他的视线之内，而在他的耳朵旁边与他说话，用这样的方式可以让他尽快放松下来。为了帮助催眠对象进入状态，还可以与他先聊聊天，或者讲一些笑话，有的治疗师还会播放一些舒缓的音乐。

当一个的心情完全放松下来时，就会进入恍惚状态。他看上去很放松，一副似睡非睡的样子，你对他说什么，他的反应都比较慢，这时，就可以对他下达指示："现在，请你按我的要求，立即入睡吧。"一般情况下，他就可以进入到一种"准睡眠状态"。

有时你的催眠对象可能比较迷茫，对你的要求也不知道该怎么反应。这时可以用某种物件来引导他，比如一个怀表、一个纸杯。或用你的手势、声音、灯光等，这些都是很好的引导工具。你的语气要坚定，让他注意你的一举一动，直到他的注意力完全被你吸引，接着他们会按照你的要求，很容易就睡着了。

第三步：在催眠状态下，对你的催眠对象进行一定的心理安慰。

催眠不是我们的目的，我们把一个人催眠（有时也是把自己催眠），是为了给他帮助和支持。在催眠状态下，很多人都会表现得与你想象的完全不同，性格沉稳的人可能会变得十分急躁，而性格急躁的人可能会变得十分镇静，其实这都是由于他内心的某种神秘的感受被唤醒，这时的他往往会变得很自然，很随意，会表现出很多让你意想不到的状态。与此同时，你千万不要惊讶，而是要很自然，很随和，表现出一种完全接纳的态度，尽量让他放松，这样他才可能按照你的要求，把催眠继续进行下去。

接着要尽量与他们交流，让他感到你始终在支持他。尽管此时你们的谈话节奏可能很慢，但是你也要有耐心。在适当的时候还要加入一些引导语，比如：

"是的。"

"好的。"

"很好，我在听。"

"哦，真让人难以置信……"

有了这样的互动，你们之间的关系更亲密了，他就很愿意在你的陪伴下继续入睡，直到你达到目的。

在催眠状态下，被催眠者一般会说出很多心里的感受，对此你要有充分的心理准备。比如有的人可能很压抑，非常希望你能够听他们诉说；有人可能有严重的心理创伤，会要求你一同分享；有的人比较孤独，需要你表达一些对他的关心和爱护；有的人情绪比较消极，需要你不断地鼓励……这些我们都应该尽量满足他们。

你可能会在电视上看到，有些催眠师会要求被催眠者去完成一些活动，比如"意志之桥"（就是要求被催眠者在两张椅子之间躺直，告诉他们："你能够承载很多重量。"然后在他们身体上面放一些重物，甚至站一个人），或者"断崖"（就是告诉被催眠者面前有一个小小的障碍，让他们不要害怕，只要有勇气，就可以跨过去，实际上那是几本书，或者一个小凳）。对于这些活动，你也可以尝试，但是要考虑被催眠者的年龄、身体情况等。如果是年龄太小（太大）的人，或者某些身体比较虚弱的女人，就不要尝试了。

有些心理学家还经常使用一些模拟疗法，比如有一次我遇到一个女人，她和老公的感情很不好，被家庭矛盾搞得神情恍惚。于是，我要求她想象此刻站在她面前的人就是她的老公，然后问她，此时想说什么。在这种情况下，被催眠者能够说出平时不敢说出的心里话，回到家以后，心情会变好些，再不像以前，一肚子的烦恼，无处发泄了。

第四步：是把催眠者从催眠状态中唤醒。

把一个人催眠，当然还要把他唤醒。有的心理咨询师很不负责，把一个人催眠到很深沉的状态，然后自己跑到一边做别的事情去了。这是非常不对的，因为催眠是一种意识高度集中的状态，如果不去管他们，他们就会感到很无助，很疲惫，不知所措。所以，一旦催眠完成，就要把立刻把被催眠者唤醒。

首先要让你的催眠对象把注意力重新集中在你的身上。比如告诉他:"现在,请你注意——"(用这样拉长的语气,他们自然就会对你产生好奇心,被你吸引)。然后用坚定的语气对他们说:"你看,催眠已经成功了,你已经重新获得了幸福,请你马上醒来。"这时,他们就会突然惊醒过来,同时似乎对刚才的事情一点都没印象。不过,别担心,你的努力并没有白费,因为催眠过程中发生的事情已经深深地留在他们的潜意识当中了,这在以后的生活中会对他们产生持续的影响。

在唤醒他们之前,如果你觉得催眠还没有完全成功,还可以鼓励他们几句,比如:"你可以改变的,一定能够获得幸福!""你真行,这些事情你都做到了。"这样,他们受到了鼓励,醒来之后就会变得信心十足,心情和生活状态都会有很大的改变。

虽然催眠只有在很专业的条件下才能够达到比较深沉的状态,但由于每一个人的内心深处都存在着某种需求,所以,只要你抓住这种需求,几乎可以把每一个人进行不同程度的催眠。从这个意义上来讲,并不是你在催眠别人,而是别人在渴望"被催眠"。所以说,催眠实际上是可以随时发生的,关键是你要找到正确的方法。

还有一点需要提醒大家,一般来讲,催眠的时间不宜过长,每次不要超过45分钟。如果时间太长,你和你的催眠对象可能都会觉得很疲惫;如果时间太短,则可能达不到治疗的效果。既可以让病人充分地放松,又避免浪费时间和精神紧张,才是最正确的选择。

05 他容易被催眠吗?

要想成功地把一个人催眠,就要让他接受暗示性的一些测试,心理学有很多复杂的测试,通过它们,可以测量一个人对催眠的敏感程度。不过,这些测试大都很复杂,在通常情况下我们很难用上。这里介绍一些很简单、很有意思的小测试,通过它们,也可以起到不错的检查效果。你可以自己实践一下,看看有些人是不是具有容易被催眠的倾向。

双手分立检查法

可以要求被催眠者抬起双手,平放在胸前,然后暗示他:有一股力量在把他的左手往上抬,右手往下按……如果他受到了你的影响,左手就会不自觉地向上升,右手不自觉地向下沉。这表明他是一个很容易被影响的人,这时你就可以放心地对他进行催眠了。

站立前倾检查法

让一个人站好,闭上眼睛,身体垂直,然后轻轻地告诉他,

"你现在感到身体有些重,甚至有些前倾。"反复地告诉他几次之后,就可能有人因为你的暗示站不住,向前跨出一步。有这种情况发生,说明他是比较容易被催眠的人。

语言诵读检查法

对受试者说:"我现在说一句话(比如'今年天气很好'),你跟着我说,我说话时的声音可能很小,如果你听到了,就跟着我重复一次。"然后你不要说话,这时,会有不少人感觉自己好像真的听到了声音,不由自主地说起来。

行走跟随检测法

让那些催眠爱好者们跟在某个人的身后,当然,这需要闭上眼睛。然后,让那个人悄悄地走开。再对被催眠的人说:"现在你前面那个人向前移动了。"重复几次后,有些容易受影响的人,就会不由自主地往前走。

口感幻觉检查法

对你的催眠对象说,"如果你现在感到很口渴,该怎么办?"这时,那些容易受暗示的人会感到口干舌燥,不由自主地做出吞口水的动作。

嗅觉检查法

给受试者三个盛有清水的试管,你要检查一下他们嗅觉的灵敏程度,然后对他们说,"请你闻一下,哪个试管里面是汽油?哪个是酒精?哪个是清水?"有的人会说自己真的闻到了汽油或酒精的味道,那么这说明他们是比较容易受暗示的。

摆锤法

在一根结实的细线上面系一个小铁球,让受试者伸出一只手提着线的另外一端,然后用一块假的"磁铁"(实际上没有磁力)

去吸引那个小铁球，再对受试的人说："你能够感到小铁球在摆动吗？"如果他是受暗示性强的人，就会感到小铁球好像正在摆动一样。

表情观察法

通过表情也可看出来一个人是否容易受暗示，面目表情忧伤，多愁善感，犹豫的人都是容易被催眠的人。

对于某种特定性格类型的人，比如犹豫型、焦虑型、孤独型、无助无奈型等，更容易受催眠的影响，对他们催眠会更容易一些。我们在舞台表演中看到的催眠术，被催眠的大都是与这些特定性格相关的人。

我曾做过一个好玩的实验，从中你可以看到一个人的受暗示性有多么强。

有一次，一个催眠爱好者找到我，要我教他一些有关催眠的方法。

我要他坐在椅子上，两手放在膝盖上，然后对他说："请把你的手慢慢地从膝盖上滑下去，放在身体两侧。"他按照我说的做了。然后我又要求他："闭上眼睛，如果你感到我的手势是向前的，那么你的身体也向前倾，如果你感到我的手势是向后的，你的身体也要向后靠。"然后我在一旁做手势，实际上我的手一点儿都没有动。可是没过一会儿，他的身体就随着我的"手势"不由自主地前后移动了。

在通常情况下，我们可以使用这些方法来引导和暗示一个人，不过，如果想把一个人进行深度催眠并且进行心理治疗，仅有这些方法是不够的，还必须进行更全面、更复杂的引导，这样才能够保证成功，同时，也是为了你的催眠对象负责。

不管是用哪种方法，催眠的目的只有一个，就是要让你面前这个人进入到一种"昏睡"状态之中,在这种状态下引导他们,帮助他们克服种种心理上的障碍,修复内心的创伤。千万不要觉得你能够影响一个人了,就把它滥用,这是不对的。

有一点需要注意,无论是怎样的催眠,只要知道他内心的需求,你就容易成功。这是能否成功地实现催眠的关键,一定要加以关注。

06

催眠师都用的小技巧

要想成功的把人催眠，有几个关键的绝招一定要学会。

第一个诀窍：一定要自信。

有一次，一个年青人来找我学催眠，看到我很快就能把一个人带入到睡眠状态，他很好奇，但是等他自己做的时候，却怎么也不成功。他就问我："我怎么就不行呢？"我看到他胆怯的样子，告诉他说："这并不难，其实就在于你是否足够自信。因为你不够自信，别人就会对你产生疑虑，这样当你再下指令时，他们的潜意识就不听你的了，你就很难把他们催眠。"

他听了我的话，自己再去尝试的时候，按照我的要求，身体站直，语气坚定，行动果断，谈吐大方自如，紧紧地抓住别人的心理，这一次果然成功了。

生活中我经常看到有的朋友学催眠，对着别人指挥了很久，也没让被催眠者进入到催眠状态，甚至还瞪着眼睛看着对方，让对方感到很不舒服，这样一来，结果当然不会成功。这是因为他们没有掌握催眠的关键。

自信，对于催眠很重要，因为我们使用催眠术是要去影响别人，你的自信，可以很好地加快这一过程。

第二个诀窍：要及时根据对方的情况做出调整。

有的人是不那么容易被催眠的，或者在催眠的过程中很容易醒过来，这时你就要仔细观察他，换一种语言方式或者姿态，可能会改变刚才的状况，产生很好的效果。我就遇到过一个年青人，他属于态度比较坚定的人，很久也不能进入到催眠状态。后来我就换了一个办法，我问他："你最喜欢的音乐是什么？"他说是肖邦的钢琴曲，我这正好有CD，就打开让他听。他听后，很快就睡着了，而且之后催眠的效果也很好。要想把对方引入到一种催眠状态，一定要多注意观察对方的表情、神态、与你的沟通情况等。适当的时候选择合适的指令，这对催眠是很有帮助的。

第三个诀窍：要在催眠状态下与你的催眠对象多交流。

有的人以为："催眠，不就是让他们呼呼大睡吗？为什么还要多与他们交流？"其实不然，催眠与睡眠是完全不同的两种状态。睡眠是我们身体疲惫了，自然的需要休息。催眠则好像是一个天真好奇的小孩子，在迷迷糊糊时需要被人拥抱一下的那种感觉，更多的是需要一种引导与关怀。所以在催眠状态下一定要与被催眠者多交流。你可以问他："你现在有什么感觉？""你有什么烦恼？""你现在在想什么？""你需要得到什么？""你希望实现什么？"这些都能够很好地激发他内心的感觉，与你进行很好的沟通。

尤其要注意，当你感到时机成熟时，一定要及时发出指令。因为催眠者的意识状态不可能总是保持不变，如果你错过了这个时机，很可能就不会产生最佳的治疗效果。我曾在催眠状态下要求一个人拥抱他的"父亲"，这让他获得了很大的快乐。实际上是因为在那时，我突然发现他和他父亲的关系很不好，他很希望缓和这种关系，于是我就告诉他："面前有一个人，就是你的父亲，你拥抱他一下吧。"他真的拥抱了一下并不存在的父亲，而他的心理问题自然也就好了。

第四个诀窍：一些必要的物件和场景也是要有的。

常用的工具有怀表、摆锤、色轮、幕布、音乐、节奏器等，对个别的催眠者还需要一些音乐。这些都可以帮助你很好地引导别人进入到一种催眠状态。

对于场景，催眠并没有特定的时间或者场地的限制，但是一个经过认真设计的场景无疑会加速催眠进行。常用的催眠场景包括：大小适中的房间；一张舒适的长椅，可以使人安然的躺在上面放松；几盆浅色调的花，位置摆放要恰当；你的穿着要正式，但不要是白大褂，要自然，比如工作装、较正式的休闲装；在家庭催眠时可以要准备一杯清水，因为有些人在催眠的过程中会感到口渴，喝一点清水会有助于保持他们情绪的稳定。有了这些场景上的设置，相信你的催眠成功率一定会大大增加的。

归根结底，要记住这一点，催眠是随时可以发生的，关键在于你是怎样引导的。在懂得了催眠的道理之后不要滥用它，因为，催眠有好处，但也可能会产生问题，只有把它用在正确的地方，才能够让我们获得快乐、成功与健康。

第3章

大家都开始喜欢你

- 01 催眠交友记
- 02 大家不喜欢这样的你
- 03 面带微笑是秘密武器
- 04 引导他人，改变自己
- 05 在倾听之中，不知不觉地把对方催眠

01
催眠交友记

竞争如此激烈的今天，我们的生活压力都很大，催眠可以帮助你缓解这种压力，帮助你交到更多的知心朋友。

有一位女士，大概有三十来岁吧，性格很孤僻，一看到陌生人就紧张，经常是话到嘴边了，自己却张着嘴，什么也说不出来。想想，如果这种情况经常发生，怎么能交到朋友？

她太过于顾虑与别人的交往，让我这个心理咨询师都很挠头。在这种情况下，我只能启用催眠。

我们选了一个很好的日子，天气暖暖的，让人感到很舒服。

在医疗室里，我要求她彻底的放松，然后我对她说："请你按照我的要求入睡。"她虽然闭上眼睛，但有些半信半疑的样子，我又鼓励她："你不想改变自己吗？那么请按我的要求去做吧。"就这样，她终于进入到一种催眠状态了。

通过以往对她的了解，我早知道她是一个容易焦虑的人，经常对别人产生不信任感。于是，在催眠状态下，我对她说："现在，你就把我当成你的最好的朋友吧。"

听到这里,她一愣,因为在生活中她好久没和朋友来往了,已经记不起来上一次见到自己的好友是什么时候了。

我说:"没关系,你只要想象着怎样和我交往就行。"

她问我:"我真的可以把你当成我最好的朋友吗?"

我说:"当然,那还有假。"

这时她笑了,很甜美的样子。

然后她就不再有那么多顾忌,开始向我讲心事。她说她性格其实特孤僻,虽然表面看上去总是很乐观的样子,但发起脾气来也挺吓人的。有一次,因为看一个人不顺眼,把那个人骂了一顿,被骂的人更害怕她了……

等到她说完了,似乎语气和心情都平静了许多,于是我问她:"现在你感觉好些吗?"

她告诉我:"果然好了很多。"

就这样,在催眠状态下,她完成了对自己的释放,对别人也没有那么强烈的不安全感了。回到生活中,她开始知道怎样和别人交朋友了。秘决就是,自然,坦率,大方。

生活中很多人都有一定程度的心理障碍,即"人际关系综合症"。心理学家认为"人际关系综合症"是一种比较严重的心理疾病,有以下四种情况其中之一者,就可以说明你可能有这种倾向。

第一:缺少知心朋友

这样的人,能够与人正常交往,人际关系也不错,但缺乏能互吐衷肠、配合默契的朋友,常常感到孤独无助和无奈。

第二:交往平淡,或者不会与人交往

这样的人能够与他人交往,但交往的质量不高,在朋友圈中处于这样的位置:有他不多,没他不少。没有人值得他牵挂,也没有

人会想念他，所以他时常会感到迷茫、失落。

第三：羞怯

这样的人渴望交往，但交往能力有限。不知道如何与别人打交道。有时会表现得过度热情，有时又会表现得过于谨慎。过分在意别人对自己的评价，容易产生挫败感。在交际场合或大庭广众之下，羞于启齿，害怕见人。有过分的、不必要的担心，担心别人会笑话自己。当众发言的时候，会表现得支支吾吾，不知失措。

第四：社交恐惧

如果人际关系紧张的话，就可能会有社交恐惧，在这种情况下，有些人可能对人际交往特别害怕，极力回避与人接触。在不得不与人交往时，会表现得紧张、恐惧、面红耳赤、难以自持，严重者会影响到身心健康和日常生活。

催眠对于改善我们的人际关系状况很有用，尤其是对于那些比较孤僻，不擅长交际的人。这是因为催眠不仅可以释放我们内心压抑的情绪，更重要的是，通过一定程度的自我催眠，可以帮助我们进行自我修复。

自我催眠就是，你可以在一定催眠的场景里尽量的让自己放松，然后把心中的压抑全都说出来，比如你为什么不敢和别人交往，为什么感到害怕自卑等。进行完这些之后，再把自己想象成一个风光无限、无所不能的人。然后回到生活中，你再与别人打交道时，就会发现自己在生活中也会真的无所不能，与人交往当然也是一件很简单的事情。

一个标准的"自我催眠"程序是这样的：

在一个舒适的房间里，让自己尽量舒服的躺着，眼睛要看着窗户的方向，但是不要向外看，最好把窗户关上。因为看到窗外，或者窗外传来的声音可能会让你的注意力分散，影响催眠的效果。在开始之前，可以放一些你喜欢的音乐，或者读几页你喜欢的小说，这样会让你进入到一种放松的状态。

然后闭上眼睛，想象着你希望交往的那个人，不要管他（她）是男是女。尽量大胆地去想，你此时正好站在他（她）的面前，你们四目相对，似乎能够透过眼神直接看到对方的内心。

好了，现在，大胆说话吧，把你平时想说又不敢说的话都说出来，你甚至可以大声地说，因为只有这样，才能够有一种解脱感。

可是，他（她）可能会"拒绝"你，让你很难过。不过，这有什么呢，想象着他（她）与你重归于好的过程就行了。

你也可以尝试着想一些办法，让他更喜欢你。

不断地重复这样的过程，你就能够与他（她）很好地沟通了。

试想，回到生活中，再面对他的时候，你还会像以前那么没有勇气吗？

通过这种催眠的训练，对于提高你的人际交往能力是很有好处的，不信，你可以试一下。

当然，想摆脱自己孤独封闭的状态，要做的还不止是这些。在生活中，我们还可以影响别人，尤其是使用催眠一样的方法，让他们感受到你的热情和与他们交往的决心。这样一来，无论你再说什么、再做什么，他们都愿意听你的了。

02 大家不喜欢这样的你

有一些行为，无论是在什么情况下都不应该做出来的。因为即使是一些细节，也可能会在无意之中给别人留下不好的印象。

比如穿衣要自然，举止要大方，不要让人感觉你故作姿态，让人不愿意接近你。

一般情况下，我们不要给人一种新新人类的感觉，虽然有时候举止奇特一点会引起别人的注意。但是从长远来看，这样的装束，对于我们交友是没什么好处的。穿着一般要大方，不要太高贵，但也不要太平常，让人感到你平易近人，容易接触就行。在举手投足之间有一种典雅自然的感觉，这样无论是谁，都会愿意和你接近。那种行为怪异的人，是很难交到朋友的。

要学会控制住自己的情绪，不要因此而伤到别人。

人与人之间的情绪是很容易传染的。心理学家常常把情绪形容为天上的一大片"乌云"，意思是说，一旦它来，不但会把你笼罩，还会罩住你周围的人。

人难免有情绪，但是不能老让情绪控制自己。一旦被情绪所控制，你可能就会表现得心情低落，甚至行为失常。另外不要老用"最近心情不好"、"情绪低落"、"失恋了"、"和家人冷战"这样的幌子当借口，次数一多，再好的理由也会让别人反感。

最重要的是要能够让自己控制住自己。心理学认为你自己才是自己的主人。

不要满腹牢骚。

我认识一位家庭主妇，人长得很漂亮，和她老公又是青梅竹马一起长大的，可以说各方面都应该满意了吧，可惜呢，实际的情况却不是这样。她说，老公总是和她吵架，怎么做都解决不了问题。其实，要说吵架，原因很多，可是有一条就和她有关。她在家里呆久了，心情比较烦闷，一看到老公，就想拿他撒气，结果一来二去把老公给弄恼了。就这样，两人一改往日的甜蜜，变得磕磕绊绊起来。

生活中应该时刻保持高昂的状态，即使遇到困难挫折、受到别人非难，也不要牢骚满腹、怨气冲天。在人际交往之中，每个人都喜欢别人的阳光的那一面，只有这样，才能够让人喜欢你，尊重你。

不要把对方的错挂在嘴边。

有一些人，尤其是女人心眼太"小"，一看到对方有什么问题，就抓住不放，其实我想她们也不是有意的，但是这样做，很容易伤人。心情自然一点，大度一点，尤其要了解对方的感受。想想如果有人整天揪着你不放，你会有什么感觉，这一点用在别人身上也是适用的。

在我咨询的案例中，有很多人都感到和别人交往很困难，但是说到底，往往又和他们自己有关。

不要抓住对方的小辫子。让自己的心胸更宽广一些。这样无论是对你自己，还是对别人，都是有好处的。

不要表现得对某事太过于关注。

有的人可能很不理解：积极关注别人难道也是一种错？积极关注别人，在很多情况下可能会影响别人的隐私。比如看到同事聚在一块，就也得凑过去，生怕漏掉什么重要消息，明明没你的事却老想插手，喜欢发表长篇大论；别人跟风传话，你也跟着传，这样久而久之，你也可能得到一个"爱传瞎话"的恶名，这对你的人际关系的发展就很不利了。而且，从别人隐私的角度，我们有时候也不应该过分地关注他们。所以，适当的问候，除非你确实不知情，否则不能介入别人的生活，尤其是那些与你无关的人，这是我们应该注意的。如果积极过头，还有可能招致人际关系恶化，那时可就麻烦了。

03

面带微笑是秘密武器

微笑对于一个人来说真的很重要。

我在报纸上看到一个故事,说有一位推销员,无论怎样推销都不成功。后来有人看到他总是拉着脸,就告诉他:"你就不能笑笑吗?拉着脸,谁会买你的产品?"后来,虽然他面带微笑去推销,结果还被拒之门外。有位中年妇女不客气地拒绝了他,还对他喊:"你是希望我早点死吗?你们推销保险的没有一个是好东西,都是骗子!"然后怒气冲冲地把所有的宣传资料都扔到了推销员的脸上。即使是面对这样的待遇,他也没有表示出丝毫的怨恨,相反,他还是面带微笑,低头捡起资料,礼貌地说:"再见,有什么问题请随时给我打电话。"然后,走出房间,轻轻地带上了门。反倒是那位中年妇女感到不好意思,此后不久,她主动地找到了他,向他咨询了许多关于保险的问题,并且最终成为他的一个忠诚的客户。

一个成功的人,往往是能够随时微笑,让人产生依恋感的可敬的人物。这是因为微笑能够感染别人,让对方产生强烈的爱意和安全感。在催眠心理学当中,心理医生常常会对一个在昏睡状态下的人提出这样的要求：

"现在，请你尝试着放松自己的心情，想象一下蓝天、白云、美好的生活——现在，你能笑一笑吗？"

然后多数被催眠的人都会露出甜美的微笑。

等他们醒过来之后，会发现自己此前的不愉快一扫而空，好像做了一个愉快的梦。

这就是微笑的功效，它可以改变你的生活，甚至改变你的整个人生。

那么我们如何培养发自肺腑的笑容呢？在生活中如果你注意观察，就会发现很多人的笑，看上去是那么尴尬，甚至是搞怪、阴险、皮笑肉不笑、笑容僵硬等。想想我们在飞机上遇到的空姐，她们的笑容多么甜美，但这样的笑来得可不容易，据说她们是用上下两颗门牙齿轻轻咬住筷子练出来的。

我们也可以通过类似的练习来掌握正确的微笑的方式。

第一阶段请先放松你的肌肉

把嘴角张大

张大嘴角能够使嘴周围的肌肉最大限度地伸展，再合上，这时就会感到一种明显的放松的感觉。不断的重复几次。

使嘴角紧张

闭上眼睛，合上嘴，然后用腮部的肌肉向外拉紧两侧的嘴角，使嘴唇水平向外伸展开来。也不断的重复几次。

合拢嘴唇

在嘴角紧张的状态下，缓慢地合拢嘴唇，并且把嘴唇向前突出，就好像你在努嘴一样，嘴唇微微向前翘起。

第二阶段 慢动作练习

慢动作练习，又叫"哆来咪练习"。我们都知道音乐有七个音阶。在进行这一步练习的时候，嘴里不停的轻唱"哆"、"来"、"咪"……你会发现此时嘴唇肌肉会随着音乐声慢慢向内收起，这种动作和你微笑时的慢动作是一样的。从低音"哆"开始，到"来"，再到高音"咪"，不断地重复，直到你掌握它为止。

第三阶段 形成微笑

小微笑

把嘴角两端一齐往上提，给人一种嘴角拉上去的紧张感。稍微露出两颗门牙。保持十秒钟之后，恢复原来的状态并放松。

普通微笑

缓慢地使肌肉紧张起来，把嘴角两端一起往上提，看上去给人一种比较内敛的感觉，露出上牙六颗左右，眼睛也要笑一点。眼角稍微向下。保持十秒钟后，恢复原来的状态并放松。

大微笑

拉紧肌肉，让嘴角强烈地紧张起来，露出十个左右的上牙。也稍微露出下门牙。保持十秒钟后，恢复原来的状态并放松。

一旦你能够获得这样满意的微笑，那么在生活中遇到任何场合你都不必害怕了，因为你会感觉自己很有征服力，遇到任何人，任何事情都能够驾驭，让微笑成为你的秘密武器吧。

04 引导他人，改变自己

要想抓住对方的心，就要学会引导他跟着你的思路走，这是常见的一种催眠方式。

我曾经要求我班里的一些学员做这样一个试验，在讲课的时候，我看到他们都很集中注意力，于是说："现在，请你们按照我的要求去做——请看这里。"然后我故意把手指向教室前的一面墙壁，其实那只是一堵墙而已，上面什么都没有。但是他们中的大多数还是按照我的要求去做了，仔细地看，以为墙上有什么特别的东西。其实我只是尝试一下"引导"他们而已。

无论是在催眠中，还是在生活当中，引导都可以随时发生。在催眠当中，如果你发现对方的注意力偏离了你的控制，就必须马上进行调整，否则你的催眠对象就可能会感到精神不愉快，不耐烦，甚至很快地清醒过来。这时，无论你再想要他们做什么，他们也不会答应了。在生活中也是一样，我们需要一种对彼此话题的引导与控制力，这样才能够让交流继续下去。

曾经有这样一个笑话，有一个年青人喜欢上了一位漂亮的女孩，但是无论他怎样努力，那个女孩对他都毫无兴趣，搞得他整天都垂头丧气的。没办法，他使出最后的招数，他找来一把琴，在女孩面前又弹又唱。但是女孩根本不理他，他真的快要绝望了。最后，他实在忍不住，很生气地把琴扔在地上，摔坏了。没想到，女孩看到他这个样子，一改往日冷冰冰的样子，一下子笑了。就这样，他们恋爱了。其实男孩子的这种举动也是一种引导，只不过不是那么刻意罢了。

在生活中，我们也需要时刻地导引别人，擅于发现别人说话的特点，找到共同的话题。这样我们的交往能力才会增强。可以参照以下做法：

要知道对方在说什么

时时抓住对方谈话的主题，让他感到你一直与他们在一起，这样才便于交流。不然你们可能聊了半天，也只是在相互应付而已，根本没有谈到关键的地方。

要保持专注

在与人交往时，最忌讳的就是别人在长篇大论，而你却目光飘移，不知道在想什么。这样，即使你再想帮助对方，也是不可能的。当别人说话的时候，要保持专注。即使不是聚精会神，至少看上去也要很在意的样子。可以不时地提一些问题，以便让你分散的注意力重新回来。

要避免一些习惯性的动作，比如说不停地看表、翻看报纸、东张西望、拿着笔在纸上乱写乱画等。这些举动会告诉对方，你对他的话一点都不感兴趣，是很不礼貌的。

对别人的话及时做出反应

对他的语言、行为及时做出反应，让他知道你确实注意到了他。这可以表达出你对他一种深情的关切。

要学会自我表现

学会自我表现很重要，因为适当的自我表现可以提高彼此之间的信任感。

史蒂·安意识到自己刚才的语气不是很好，于是对查莱特说：

"你知道，我最近的心情不是很好，如果有什么得罪的地方请不要介意。"查莱特一愣，随即理解的一笑："OK。"一番对话之后，两个人都轻松了许多。

如果一个人对别人什么都不说，那他一定是封闭内向的，很难交往。在心理学里，一个人能否自我表现是很重要的，它象征着你的人际影响能力和控制欲望。所以，即使你感到很害羞也要坚持如此。在男女两性当中，男人的表现欲更强一些，因此更爱在别人面前表达自己，女人则保守一些。不过，如果我们想获得一种快乐健康的心态，那么不管你是什么样的人，都要坚持这样去做。

要有一定的身体接触

适当的身体接触可以拉近人们之间的距离。

英国心理学家在图书馆里做了一个实验。他们要求图书管理员在与借书者交换图书的时候，假装在无意之中碰一下他们的手掌，而对另外一部分人则不予以身体接触。结果心理学家发现，被手掌接触的人，对图书管理员的印象都很深。

所以，在日常工作与生活之中，像握手这一类的身体接触是非常必要的。恋人之间喜欢接吻，朋友之间可以握手，这样可以在最短的时间内拉近彼此的距离，建立起良好的关系。

无休止的啰嗦会让别人以为你只是在没话找话，这更会让你们偏离主题。说话要简短，表达了你的感情和诚意即可，不要让人觉得你是一个没思想、只喜欢说没用的话的人。在这里尤其要提醒女人，因为女人往往太爱唠叨，你的好友当中，可能有一半数量的人会因为你的这一特点而离你越来越远。

05 在倾听之中，不知不觉地把对方催眠

学会倾听，对于交友很重要。

人与人之间的相处，其实很多时候就是一个态度问题。

有一次，我遇到一位咨询者，也许是因为以前没看过心理医生的缘故吧，他一看到我，显得很紧张，有点不知所措，说了半天，也没搞清楚他到底想说什么。不过，对于他的每一句话，我都认真地听着。

说了一会儿，他也觉得自己的表现不好，但是看到我专注的样子，他还是很感动："以后我就找你了，我相信你。"

学会倾听，把说话的权利让给别人，这是我们学会人际沟通的第一步。

想想在生活中，有哪些地方不需要倾听呢？听老师讲课、听同事汇报工作、和别人聊天……

如果没有沟通，在你眼中，任何人都是一个未知数。如果没有倾听，你就不可能了解别人。可以这样讲，失去倾听能力，也就意味着你很难再了解别人。

有这样一位领导，在生活中总是很受欢迎，不论是亲戚、朋友、同事、上下级，谁遇到了他，都爱跟他说说心里话。这是为什么呢？他的回答很简单："每次有人来找我抱怨的时候，我都用最平和的心态接待他们，无论他们说什么，我都认真地听着，因为我想，当他们有问题想对我说的时候，一定是他们很困难的时候，这时，即使我帮不了他们什么，但至少认真地听他们说一下，也是应该的。"你想，有了这样的态度，谁还能对他有意见？

对于心理医生来说，学会倾听就更重要。因为倾听可以帮助我们很好地了解自己的病人。

有人可能会问："催眠，不是我们来引导别人，了解别人的内心吗？怎么会还要听他们说呢？"

这是因为，催眠不仅是你一个人要说的过程，更是双方的一种互动。尤其是深度催眠状态下，你眼前的人可能会表现得非常不安，而且会有很多话想对你说。这些话，由于在他们内心埋藏已久，当他们说出来的时候，很可能是没有逻辑的。这时，就需要咨询师一定要注意倾听。一方面，这种倾听能够消除被催眠者紧张的心理，让他们感受到你的关怀；另一方面，它也能够让你更好地走进他们的内心深处，了解他们，帮助他们解决问题。

心理学有一门很重要的课程就是要学会倾听，这又叫做"无条件接纳"。意思是说，无论他（她）说什么，他（她）做什么，都不能有一丝一毫的不耐烦，要把他当成你的亲人，你最关心的人一样来对待。有了这样的对待，你才能和他们建立信任。这样，才能够让你的咨询者信任你，愿意把心里话对你说出来。

沟通是双向的。我们并不是单纯地向别人灌输自己的思想，更要得到别人的反馈。倾听的是一种艺术，也是一种技巧。在生活中我们要及时学习和展现这种能力,这样在人际交往之中才能够起到良好的作用。

沟通的时候一定要有诚意,如果你确实心情也不好,现在不想听别人说话,那么直接提出来,改天再谈是比较好的做法。如果这时还是勉强去听或装着去听,必然会让对方感到你没诚意。

如果对方是长篇大论,甚至开始抱怨,这时你也要有耐心,一般情况下别人与你聊天的时候,都是想说心里比较着急的事情,多听听这些是有好处的。如果你也感到不耐烦,可以试着去理解他们。一定要耐心把话听完,才能达到帮助他们和改变他们的目的。

倾听的时候要认真,不要开小差。随意打断别人的谈话,三心二意,随意地加入自己的观点表态等,都是很不尊重对方的表现,一定要避免。

必要的时候还可以在对方谈话时适当地插入一些鼓励性语言,比如"嗯"、"是这样啊"、"有道理",或者点头微笑表示理解,这样都能够给对方一种支持,也可以用手势等身体语言来表示你对他的关注。

第4章

催眠可以是甜的

- 01 爱情其实就是一种相互催眠
- 02 用"催眠"让他(她)爱上你
- 03 魅力=爱情气场
- 04 性格"齿轮"
- 05 警惕爱情生活中的负催眠

01 爱情其实就是一种相互催眠

毫无疑问，爱情本身就是一种相互催眠。

催眠是由各种不同技巧引发的一种意识的替代状态。被催眠的人对他人的暗示具有极高的反应力，他这时是一种高度受暗示性的状态。想想，恋爱中人们的状态是不是与此很相似？

我曾经遇到过不少的朋友，他们很自信，觉得自己对别人从来都是没兴趣的，可是有一天突然就就急急忙忙地找我，问道："糟了，我可能爱上他了，我该怎么办？他好像对我根本没兴趣啊！"

相信很多人都有过这种感觉，你可能觉得自己从来也不会喜欢上什么人，认为自己完全可以安安静静地过一生，可是，突然之间你遇到了一个人，从看到他的那一刻起，你就好像被"雷"到一样，完全变成另外一个人，再没有以前的淡定，对他念念不忘，其实，这时你就是被他催眠了。

记得莎士比亚说过一句话："当爱情来时，我们居然还一无所知。"这就是爱情的神奇，当你沉浸在爱情当中时，还不知道它已经发生了。这就是爱情对你催眠了。爱情中发生的种种现象，与催眠情况下的状态其实是很相似的：

都有着强烈的暗示。

都有自主判断下降、自主意愿行动减弱或丧失。

都有强烈的投入感，好像被什么东西吸引，甚至是拉动一样。

都有一种莫大的勇气，甚至可以让你抛开一切，奋不顾身。

都有一种强烈的释放感。

所以又有心理学家把爱情称为生活中的"无意识"，清醒状态下的催眠。我们经常能够看到许多人不顾一切地追求爱情，就是这个道理。

从某种意义上来说，每个人心底里都有一种对爱情的渴望，正是因为这种渴望的存在，才使我们很容易被别人催眠。许多人都有这种感觉：

"哦，他真像我的父亲。"

"一见到他，我就不知道该怎么办了。"

"为什么我在寂寞的时候总会想起他？"

我们的内心实际上总有一种被人催眠的渴望，这就是爱情发生的基础。

当然，这种对于爱情的催眠可要小心。

我还记得在新闻里看到一条消息，说有一个中年男子，专门利用自己的外表骗取女孩子的信任。对于女人来说，这是很危险的。正常的情况下，一个婚姻要考虑很多因素，对方的身高、长相、人格魅力、兴趣、志向、学历、背景等因素，绝不能够因一时的冲动而做出让自己后悔的事。

当然，我可不是说，生活中你遇到自己喜欢的人就不能追求他了。相反，我是鼓励大家去追求自己喜欢的人。只不过，这种追求要谨慎一点，不能太随意的。人是感情支配的动物，但是在感情面前要保持冷静。

如果你确实很喜欢对方，又不知道怎么接近对方，那么我建议你可以稍微使用一点催眠术，让对方更爱你，毕竟，感情是可以培养的，擅用一点催眠术，对你的爱情生活会很有好处。

02

用"催眠"让他（她）爱上你

催眠需要指引，爱情也需要培养。

爱情中的催眠术，与我们生活中所常见的催眠术在原理上是一样的。例如，当你追求一个人的时候，不是要想尽办法去讨好他吗？不是要走进他的内心世界，去观察他吗？不是用各种办法（包括语言，表情，行为等），对他产生影响吗？其实，这与催眠是一样的。

我有一个朋友，年近三十，属于帅哥级别。他遇到一个女孩子，年纪不大，但是性格挺"高傲"的，见到谁都爱搭不理的。他曾想尽办法接近她，都被拒绝了。后来他想了这样一个办法。她不是很高傲吗？那我比她还高傲。那时他们在一个公司上班，每天见到她的时候，他都是表现出一副很不屑的样子，趾高气扬地从她面前走过去。一来二去，那个女孩子反倒奇怪了："这个人怎么了，与以前不一样了，从前见我很热情，现在怎么变得不理不睬的。"反而对他产生了好奇心。这样，他成了受关注的对象了。

就在他觉得时机差不多成熟的时候，又采用了催眠中常用的

"满贯疗法"。有一天,他突然跑到她的面前,对她说:"我很喜欢你,我们能一起吃饭吗?"就这样,一位高傲的公主,还没来得及想什么,就被他弄懵了,稀里糊涂就被他征服了。

其实他就是在主动采用了一些催眠的方法。

我们在与别人约会的时候,常常也会用到催眠的方法,因为我们的潜意识中都有一种把别人催眠的冲动,这是我们的一种本能,不受时间和地点的限制。这样,在不经意之中,你也会用催眠的方法把你心爱的人征服。

比如,在约会的时候,你可以把地点选在咖啡厅、酒吧、公园这样花前月下、充满情调的地方,这种环境本身就是一种很好的催眠。动人的音乐,充满温情的气氛,再加上一杯"蓝调忧郁"的饮料,或者是一小杯葡萄酒,总之,还没等你说话,你喜欢的人可能就已经投降了。很多人不会追女孩子,或者不会约男孩子,其实就在于你不会制造浪漫。不管是男人还是女人,其实都很容易被环境影响。我记得一位广告学家说过:"给我一束鲜花,一片草地和一杯葡萄酒,我可以让一只狒狒爱上一只河马。"想想,是不是这样呢?

同样的场合还有西餐厅,画廊,音乐厅,宁静的湖边,草坪等,都是能打动人心的地方。无论是谁,坐在那里,面对着优美的景致,不管他们心里想的是什么,恐怕都不能拒绝你送来的"浪漫"二字吧。

语言与行动上的暗示就更不用说了。

你可以开着名车,吹着口哨,开着音响,来找她一起去兜风,即使没有名车的话,一起出去玩玩也是很重要的。可以带她一起去参加你的生日晚会,为她送上一些名贵服饰。还有一点很重要,就是要有一些小礼品，其实它贵重与否并不重要，小礼品表达的是一种友好的亲近和暗示。有了这样的礼物，就会构成一种心理暗示和吸引，让她逐渐对你产生眷恋感。如果能做到"一日不见，如隔三秋"，即使对你再不感兴趣的人，恐怕也不会把你忘记了。

如果能够做到以上这些，我想你的"催眠"可能已经成功了一半。别着急，如果你再加一把劲，就可以打满分了。

如果你每天问寒问暖，对她的生活十分的关心，每天打十个电话，发三十条短信，就算不是"我喜欢你"这样热情的话语，只是一些不经意的关心话，也能够让对方感动很久。女孩子尤其喜欢煲"电话粥"，因为她们觉得在电话里与你倾诉，有一种神秘感，许多女人都是在与对方长时间的"电话粥"之后爱上对方。这是因为在这样的"电话粥"之后，她们觉得自己的内心完全向对方敞开了。

此外，下面这些温柔体贴的话语是必不可少的。

"你看上去那么辛苦，其实是需要一个能照顾你的人。"

"我真的很懂你，你还会遇到过比我更懂你的人吗？"

"从来还有人像你这样让我感动。"

"你很美，你是我见过的最漂亮的人！"

……

想想，有了这些话，对方除了爱上你，还能有其他选择吗？

如果前面的方法还没奏效，那么再来一个深情的拥抱，甚至一个吻吧。无论是男人和女人，都有一种对拥抱的渴望和对温柔的回归。

我曾遇到过这样一位先生，在催眠状态下，他对我说："你知道我现在最需要什么吗？我最需要有人给我一个吻，或者一个拥抱。因为好久没有这种温馨的感觉了。"原来在生活中，他与妻子有些隔阂，他们之间的亲密举动少之又少，这才让他内心特别渴望温暖。如果你能够紧紧地把喜欢的人抱住，我想无论你面对的是谁，恐怕也不能拒绝你了。

此外，再教你一些能够轻而易举地把对方催眠的办法。它们并不常用，不过一旦用上，就会很有效。

直接接触法

比如在生活与工作中寻找种种接触的机会。许多男人被女人迷住，往往是在于对她们的第一印象。身体形态、气味、语言，都可能让对方产生强烈的心理冲击。我们常常听人说，我见到她的第一眼，就被她迷住了。就是这个道理。

间接接触法

如果是一本正经地给人催眠，大多数人会有戒备心理，有的人不能配合，效果就不会那么好，这时你可以用间接接触法。间接接触法很多，不断地影响对方和暗示对方，比如用一个细微的动作、眼神去影响对方。虽然只是一个细微的动作，但是也会给对方造成一种强烈的心理暗示，他会觉得："哦，我怎么被人注意了？好像有谁在注意我？"久而久之，他就有可能对你感兴趣，下一次遇到你的时候，他就可能主动的与你打招呼。

你不要担心他不知道，这种影响是很实在的，很容易被感知得到。但它又不是那么直接，会有一种默默的冲动，让他心里有一种温暖，然后你就成功了。

想象接触法

这个办法不是很难，当你一个人独处的时候，比如一个人在房间里，可以闭上眼睛，想象着他就在你的面前。然后用各种你能够想象到的办法去与他相处，他会有什么反应？

你可能会问，这种方法会有效吗？其实效果还是有的，它不仅是对你的思想与行为的一种锻炼，更重要的是，它可以改变你的气质，使你在真的面对他时，更有亲和力，更能够把他打动。有人说，人的意识可以漂流到几千公里以外，这个不得而证，但至少有一点是可以肯定的，那就是你确实会因为这种想象而改变自身，进而又影响到他人。这是一种无言的影响，一旦它产生，就会发挥作用。一旦它发挥作用，就会在你们之间产生一种默契，那时，即使你们从来没有说过话，这种默契也会有的，而且很强烈。

我们常说，爱情是无言的，就是这个道理。

爱情的催眠就是这样，有些人总以为："爱情，不就是我喜欢他，他喜欢我，然后两个人走到一起这么简单的事情吗？"

其实不然，爱情它是一系列身体、语言、行为、思想、表情、动作甚至环境氛围等多方面因素共同作用的结果，尤其是那种心照不宣的暗示，反而能够起到更好的效果。所以，擅用一点催眠术，一定会对你的爱情更有用，让你的生活更美好。

03

魅力=爱情气场

魅力对于一个人来说很重要。

人与人之间往往会有着强大的影响力,但这种影响力你却不一定能够注意到,这就像是我们每天呼吸着空气,却从不注意它的存在一样。人的气质、形象、语言、表情乃至气味、性格等,时刻传递着你身上的某种信息,形成一种强大的"气场",它能够对你周围的人产生辐射作用。如果你能够把这种"气场"建立得很好,毫无疑问,在人际交往甚至爱情当中,已经成为众人的焦点了。

魅力就是这样,它不容易表达,看不见,摸不着,但是对一个人的影响却很大。我们都有这种感觉,看到一个人,觉得他很有品味,很与众不同,很让你心动,但是你又说不出他到底独特在哪里。原因就在于他的"气场"与众不同。

我曾经遇到过一位女士,大概有三十多岁吧,人到中年,又面临家庭的危机,各种问题一起出现,让她变得特别不自信。她对我说:"我最近总是焦虑,总是担心老公出轨,晚上睡不着觉,总会摸摸身边的人，看看他是否还在，真怕有一天早上醒来，床的另一半是空着的。要说原因，岁月不饶人，毕竟自己三十多了，外表很难再像以前那么出众了。而他却是一天比一天更成熟、更出色，和他在一起，别人都说我们不般配，这让我有一种自惭形秽的感觉，面对这种情况我该怎么办？"

我对她的回答是："其实，人与人之间的感情就是这样，如果你越觉得你们不行，那么你们就真的不行。与其整天埋怨，还不如去改变自己。三十多岁怎么了？有的人到了四五十岁，还是魅力十足，让人过目不忘。"

她听了我的话，觉得很有道理。把提升自己、改变自己作为一项重要的生活内容，有时间就参加各种讲座，找到提升修养的办法，同时更注意选择适合自己的服装，化妆品等。一段时间过后，她周围的人都觉得她的气质提升了。她的自信心一上来，先生也觉得她与以前不同了，还高兴地对她说："你现在真的比以前更迷人了。"当然，她的家庭生活也因此发生了改变。

当人的性格、气质、能力达到一定程度的时候，就会自然地与周围的环境相得益彰，产生影响力，举手投足间就会有一种强烈的张力，这就是所谓的个人魅力。

对于女性朋友而言，个人魅力显得尤其重要，因为魅力是你吸引他人，完善自我的重要手段。所以一定要努力培养。

那么，该从哪些方面入手去培养自己的魅力呢？

坐

坐姿一定要优雅，上身要挺直，身体不要坐得太满，只坐到椅子三分之一或二分之一就可以了，腿自然下垂，双腿可以并拢，也可以一条腿搭在另外一条腿上。切忌两腿叉开。

立

站立时一定要挺,不管在哪里,在哪种场合,都要保持一种亭亭玉立的形态。如果你说不行,我做不到,那么请回到家里,找一面墙,让脚跟、臀部、两肩、后脑勺贴着墙壁,两手垂直放下,两腿并拢,身体挺直,每天站半个小时,坚持半个月,你就形成习惯了。

走

既不要急行暴走,也不要缓步匿行。走的速度要适当,双眼注视前方,轻微自然地走动,上身挺起,让别人看到你的曲线美,两手自然下垂,前后轻微摇摆,让人感觉你像一阵微风掠过。

衣

穿着,自然大方即可,当然,我也不反对你进行一定的修饰,在特殊的场合,穿上一些名贵优雅的服装,足以对人产生震慑力。

搭配的小饰品要自然,精致,体现你内心的性格特点,让人一看就有一种眼前一亮的感觉。另外注意要与你的身心和谐一致,突出你的格调和个性,但不要给人一种太夸张的感觉。

现在外型已具备,还有一点很重要的,那就是你一定要有自信。女人的美,更多地体现在你的自信上,待人处事,落落大方,自然协调,让人一看就有一种亲和力,不由自主地想与你接近。随时微笑,礼貌待人,谈吐自然,让别人还没说话,就已经与你有一种相识已久的感觉。

除去外表的修饰,内在的品质也很重要。女人的美不仅体现在外表漂亮,更重要的是还要有一颗善良的心灵。善解人意,能够洞察别人的内心,不唐突,不冒犯,温文尔雅,这都很好地体现了你的修养和内涵。

性格的修炼也是内在品质中很重要的一环，对生活乐观豁达，对家庭包容关怀，对朋友理解关心。既天真可爱，又成熟"老练"。温柔似水，但是又不乏典雅果断。这样的女人，无论是谁见到，都会不由自主地产生一种想亲近的愿望，即使是对女人再不屑的男人，恐怕也难免多看你几眼。

当然，最后，女人也要有一定的独立性。有魅力的女人，不能只满足于家庭那一点小圈子。女人也要有自己的"事业"，这种事业，虽然并不一定是像男人那样"冲锋陷阵"，但是也要能够体现你的价值，你对别人的重要性。这样你才能够真正的成功，而这不仅仅是在个人感情上，更多地还体现在你的身份与社会的价值上。

快用这种魅力气场来催眠周围的人吧。

04

性格"齿轮"

心理学家把性格称为人的一种稳定的心理特征，或者一组对人对事的稳定的态度。

性格是感情的心理学基础。我们常说："她的性格很适合我，我们俩在一起相处很愉快。"说的就是这个意思。

在催眠心理学当中，常常把性格形容成"齿轮"，意思是说，如果两个人的性格齿轮咬合得很紧，那么催眠就很容易成功。但是如果咬合得不紧，那么再谈什么相处，往往就没什么可能了。

如果想把你的催眠对象引入到一种如痴如醉的状态，就必须对他有着极为深刻的了解，在爱情当中也是类似的。

我还记得有这样一位朋友，年纪不大，涉世也不深，刚毕业没几年，但是她却成功地"钓"到一个"金龟婿"，她是怎么做的呢？

其实对方一开始也不太喜欢她，甚至根本就没把她放在眼里。在她几次追求未果后，他还对她说："我就是不喜欢你这个样子，皮肤黑黑的，又语不出众。"

这样的话让她很失望。不过她也没着急，因为据她的了解，他实际上是一个敏感且有些急性子的人，有时候说话会比较直接，不太注意自己的言行。从那以后，她就小心翼翼地接触他，不像以前那样与他直接交锋，处处让着他，有空就去找他聊天。就这样，一来二去，不知道怎么的，他就转变了。

有一次他们请我吃饭，他还对我说："我都不知道怎么喜欢上她的，一开始还没什么感觉，可是现在，简直成一家人了。"

这就是爱情催眠的力量。

性格是打开一个人内心世界的钥匙，每个人都有着自己独特的兴趣、思维方式和生活习惯等，这些往往代表了你与别人能够产生共鸣。

在专业的心理咨询当中，心理医生常常要根据对方的性格，有意识地选择自己的切入点，这样才能够发现问题所在，更好地帮助病人解决问题。如果你能够了解对方的性格，再有针对性地对自己进行一些调整和改变，往往会产生一种意想不到的效果。

比如有的人品味很高，则可能表示他比较挑剔，待人比较苛刻。有的人比较坦率，但可能代表他心比较粗，不太会处理小事。有的人比较细腻敏感，但这样的人又可能比较多疑，与他相处，你会觉得麻烦比较多。

想了解一个人的性格并不是一件容易的事，一般需要仔细地观察才行。生活中，一个人待人处事的方式，往往能够反应出他的性格的许多方面。

在爱情心理学中，男人和女人的性格差别是很大的，有几点要多加注意，否则，很可能会让你的爱情无疾而终。

一般来说，男人大多比较理性，女人感性居多。

男人通常原则性比较强，什么事情都以事实为先，一旦他们决定了什么，你很难把他改变。而女人则要感性得多，比较在乎自己的感受，以自己的好恶为先，如果有什么是她们不满意的，她们就一定会说出来。

男人大多比较直率，女人则喜欢委婉。

有一个女人，在公司里与同事闹别扭了，她一进家门就对丈夫说："你看，我今天和领导吵架了，怎么办啊？"而先生给她的回答是："整天就知道唠叨这些事，没看我正忙着吗？"男人们总是喜欢直率，恨不得一下就把事情说清，把所有的问题都解决。女人希望委婉的表达，然后得到一种谅解。

男人的支配感一般来说比较强。

他们喜欢支配别人，尤其在事业上，喜欢让别人从属于自己，这是他们证明自己的方式。而女人则喜欢自由一些，随意一些，不愿意受别人的约束。

实际上，男人和女人恰好因为这些不同而联系在一起。男人整天拉着脸，但实际上他们的内心是寂寞的，恰恰需要女人的温柔来关怀；女人整天快快乐乐的，看起来不受拘束，但实际上她们的内心里最渴望男人的一丝坚定，给她们安全感。于是，看似完全不同的两种动物，就这样在内心联系起来了。

据说，有一次苏格拉底正在和几位学生讨论某个学术问题，他的妻子不知何故，忽然叫骂起来，众人大惊。接着，她又提起一桶凉水冲着苏格拉底泼了过去，苏格拉底全身被淋透了。面对不知所措的学生们，他只好自我解嘲地说："我早知道打雷之后一定要跟着下雨的。"

如果你能够了解到这些性格上的差异，适当地从"对方的角度"对他们的感情需要予以满足，你们的感情当然会更好。

哲学家休谟说过："男人和女人是两种完全不同的动物，但奇怪的是，正是他们却一起构成了人类，这是多么奇妙啊。"在爱情当中，一定要去了解对方的性格，这样才能够让你们的感情始终处于一种浓浓的甜蜜之中。

05
警惕爱情生活中的负催眠

要想有和睦的家庭生活可不是一件容易的事。感情，虽然甜蜜，但是很容易被一些小事破坏。

一位先生，自从结了婚以后，就成了妻子要求进步的对象。妻子不断地拿他跟朋友的老公做比较，挑剔他的穿着，评判他的工作，连他吃饭、走路的姿势都要管一管。甚至当着亲戚朋友的面，嫌他赚钱太少，还不思进取，这让他十分恼火。

也许这位太太真是为了老公好，但不分时间，不分地点地抱怨，既打击了他本人，又没有带来好的结果，这难道是妻子想要的结果吗？

所以，一定要警惕爱情生活中的负催眠。

抱怨

抱怨是一种常见的负催眠。你可能只是想嘟囔几句，并不想对他有什么更多的表示，但其实已经把他心里的"怒火"给积累起来了。以我的经验而言，许多夫妻都是因为平时生活中这种不经意的小摩擦，而最后导致严重的矛盾，甚至是说"再见"。所以，绝不要轻视这种负催眠，虽然它很小，但是它带来的心理感受和暗示是极其强大的。很多人，直到分手还不知道真正的原因在哪里。其实，只要你少说几句抱怨的话，那么很多问题都可以解决。

挑剔

一旦有了挑剔的心，那么，在你的眼里，他会变得一无是处，无论是他做什么，你都会觉得不满意。你把自己的坏情绪投给他，而他则无言面对，不知道该怎么办才好，久久而之，疏远是肯定的。这时，即使是再好的婚姻，也会变得到处是伤疤。

乱发脾气，情绪化

很多人都觉得在婚姻生活中，发点脾气没什么，还对自己说："生活嘛，发点脾气算什么，他就得让着我。"其实，不要忘了，情绪是可以相互传染的，你的脾气越坏，他的感受就越明显。等到超过对方容忍的底线，那就是麻烦了。所以，我给女性朋友一个建议，发脾气要适可而止，千万不要收不回来。

生活中的负催眠很多，尤其是一些不经意的话和一些不经意的举动。

比如看看下面的话，我想谁听了都会很烦恼。

"唉，电视里又播那个广告了。"

本来你是想提醒他，那个商品很好，但他的理解却是，你又在抱怨他没能力给你买这个东西。

"孩子在幼儿园又打架了。"

本来你是想提醒他该管管孩子，而他却以为你只想责备他忽略了孩子。

……

这些语言和暗示是一种渐进的催眠，第一次听到时，对方也许根本没在意；第二次听到，对方会感到有些尴尬；第三次听到，他恐怕就只能够真叹气了。

据说国外的有一名深受家庭之苦的心理学家做过一个实验，他选择了两组妻子，一组是面目和善、心态平和的，另外一组是面目凶恶，语气粗暴的。心理学家让她们反复地对丈夫说，晚上早点回家，不要到处乱跑。然后观察这些丈夫的反应。要注意，她们所说的话是完全相同的，仅从字面上来理解，也是非常友善的，都是类似于"晚上早点回家吧。"这样的话。但结果却完全不同，只有那些面目和善，语气和蔼的妻子，才能够达到她们的目的。

其实，爱情中的催眠可以是正的，但也可能是负的。正的催眠，让你的感情更加甜蜜，负的催眠，则可以说完全是一种破坏性的暗示，会让你的生活一团糟。

夫妻间说话也有很多禁忌，一定要注意。

比如一定不要拿男人的面子开玩笑。男人大都嗜面子如命，因为他们就是靠面子活着的。他们把社会理解成为一个阶层化的结构，每个人在里面都有自己的位置。在这样的世界里，人与人之间的谈话就像一场谈判，如果有人威胁到他们，他们就会不惜一切代价保护自己。所以，作为妻子，不管他的错误有多么不可饶恕，也不要打击他的尊严，否则他一定会和你争吵。

不要对男人唠叨太多。

就一般家庭来说，男人最反感的就是妻子每天跟他滔滔不绝地说那些在他看来是无足轻重的琐事：这个月的收入又少了好多了，某某同事和她丈夫吵架了……尤其是他工作紧张、压力较大的时候，妻子的唠叨，实在是让他心烦。所以，与其把争端挑起，还不如减少这样的唠叨。

另外，生活中的这些话一定要注意，不要轻易说出口。

"你都答应我什么了,为什么做不到!"

"你真没用,让老婆出去抛头露面,吃尽苦头!"

"我要离开你,离开这个家!"

"我们离婚吧。"

说这些话,也许是你出于一时冲动,也许只是无心之言,但无论是哪种,带给婚姻的伤害都是巨大的,它会在你们的潜意识里产生一道裂痕,使你们一生都再难以修复了。

所以,警惕爱情生活中的催眠,别让那些不经意的心理暗示、行为破坏你们的感情。

第5章
自我催眠=个人成功学?

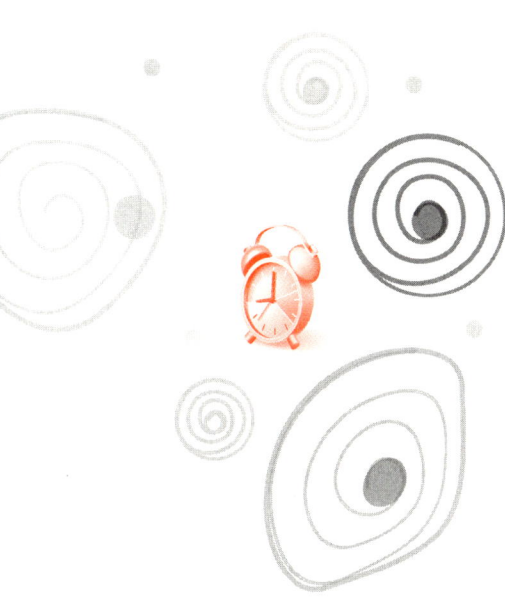

- 01 你会自我催眠吗?
- 02 催眠能够进行自我激励
- 03 催眠能够提高自律性
- 04 催眠可以保持积极的心态
- 05 催眠可以让思考能力更强
- 06 催眠可以提高分析问题的能力

01

你会自我催眠吗?

现在,让我们做一次放松练习吧。

请闭上眼睛,轻松地站着或坐着,不要管旁边是不是有人,只要没有人突然来打扰你即可。

然后,尽量体会自己的身体感觉,可以做三次深呼吸,每一次都比上一次更深,让自己紧张的神经放松下来。通常在深呼吸之后,你就会感到身体非常放松,非常舒服,好像刚从梦中醒来一样。

接着,回想一下这一天你的工作情况,然后告诉自己:"虽然很累,但是我可以进入到很棒的状态。"

一天的工作之余,你可能感到很疲惫,仅靠一两次自我放松,很难让自己完全得到休整。

不要着急,再试一次。

继续放松,好像有人拥抱你一样。你感到很舒服,很温暖,几乎就要睡了过去。

当然,你没有睡着。

再让自己放松一次，同样是深呼吸，每一次都让空气慢慢地吸入你的鼻腔，然后又慢慢地呼出去。一缕缕的气息，给你绵绵软软的感觉。

再回想一下一天的工作和生活，想想那些不顺心的事。你还像刚才那样压力很大吗？

现在，是不是感到精神百倍？

这就是一次简单的自我催眠，它并不复杂，却可以很好地调动你的神经，让你沉睡的心理和生理的功能都被唤醒，使你得到很好的放松，一天的疲惫一扫而空，好像沉睡很久之后又醒来一样。

我经常要求我的学员们做这样的练习。有时就在我的课堂上。一开始，他们有很多人不相信这样一个简单的练习就可以提升自己，但经过几次尝试之后，他们很快就发现它确实很有用。

自我催眠术是催眠术的一种，跟普通催眠术相比，自我催眠术更简便易行，而且效果有时甚至还比在别人引导下的催眠更强一点，因此被广泛地采用。

在生活中，我们总是被各种紧张的情绪、繁多的事情所困扰，非常需要一种能够让我们迅速放松下来的办法，这时，学会自我催眠就很重要。自我催眠的最大好处就是不用人引导，可以随时进行，比如午休，晚饭之后，甚至是在地铁里小憩的时候都可以对自己小试一下，非常简单方便。在自我催眠状态下，你甚至可以"毫无顾忌"地做任何事，这样，你就能够放松下来了。但专业心理咨询中的催眠就不行，大都需要有经验丰富的催眠师引导才行，而且经常会有很多限制。

自我催眠的场景并不复杂。你只要能够"安静"地坐着，或者躺着即可。这里"安静"两字用引号，是因为并不一定要求环境是完全安静的，你只要保持自己内心的平静即可。比如有人在闹市里也能够把自己催眠，让自己休息，这就是"闹中取静"的效果。

自我催眠一般不需要很长的准备时间。你可能在地铁站里突发奇想，想尝试一下。那么不妨把你身边的东西放好，不要与别人相互碰撞。然后让自己的眼睛半闭着，处于一种"小寐"的状态。

然后告诉自己："我好累，想休息一下。"接着闭上眼睛，想象着自己正在一个安静的房间里，尽管有很多人在关注你，但你却一点都不感到紧张。

尽量让自己放松，想象着你喜欢的那种生活场景，比如走在宽广的马路上，在海边，或者与喜欢的人在一起，有人在拥抱你，等等，这些都能够让你进入到一种快乐的状态。

然后你的内心升起暖意，有种很温暖的感觉，好像就在三月的阳光里，这时你会感到内心充实许多。

时间不必过长，一般几分钟就可以完成一次。当然，如果有时间的话，十分钟以上往往效果会更好一些。午休，饭后，甚至看电视感到疲倦的时候可以试一下，都是很好的放松自己的办法。

当催眠结束之后，告诉自己："醒来吧"，对自己说："我将以最好的状态回到生活中。"这时看看会发生什么，你醒来之后眼前一亮，好像大梦初醒一样，又精神百倍了。

这样短暂的自我催眠练习是可以随时进行的。一位企业的老总，曾经深受精神紧张、过度劳累的困扰，按照我说的这个办法，在会议间歇以及工作之余进行了一些自我催眠练习。结果他的焦虑症状缓解了许多。一年前，他一到开会的时候就神经紧张，晚上还睡不好，就是通过自我催眠把状态调整好了。

当然，进行更深的自我催眠也是可以的。如果你有较多的时间，不妨做一次充分的自我催眠，它对于缓解精神压力，减少自己紧张焦虑的症状有很大的好处。

一次充分的自我催眠大致需要以下四个步骤。

第一步 诱导

诱导就是催眠前的准备工作。比如你需要在一个类似于"弗洛伊德催眠室"里进行，在家里可以选择一个安静的房间，房间里的摆设不要太复杂，以免杂乱的摆设会干扰你在催眠时的思绪。准备一张简单而舒适的床，上面铺一张软垫，也可以用一张躺椅，能够让你舒适地躺下，尽量不要有声音，如果有的话，也要用你喜欢的声音，比如大自然的声响，你熟悉的音乐等。

第二步 放松

用你最喜欢、最舒服的方式，让自己的心情舒缓下来。比如，闭上眼睛，深呼吸几次；或者数数，从一数到十；或轻微地晃动身体，调整身体的姿势，让自己的身体尽可能的舒展；或用双手搓搓脸，好像洗脸的样子，稍微攥一下五指，揉揉眼睛等，都是很好的放松办法。有了这样的过程，好像身体中的疲惫在你的指尖、眼角、身体的摆动中悄悄地溜走了。也可以用音乐、灯光，使自己放松，比如放一首自己喜欢的歌，面前摆上一盏柔和的台灯。这样都可以使自己很快地进入到一种"入定"的状态。

美国心理学家汤姆斯曾经要求他的一位催眠者用这样的方式放松，这位催眠者是一位家庭主妇，因为不堪忍受邻居的割草机的声音，变得有些神经质，从那以后，一听到一点声响，就会紧张不止。邻居停止割草之后，她也无法摆脱这种症状。后来汤姆斯对她说："不要在意那些割草机的声音了，想像一下你正在一片草地上，有各种自然的声音，比如鸟叫、风的声音、流水声等，看看会发生什么。"听到他的话，这位女士果然平静下来，再也不是满脑子隆隆的割草机声音了。

第三步 加深

这个过程要求你在头脑中不断重复某个场景或者某句话。比如你可以想象广阔的大海，你正在站海边，可以看到很远的地方，甚至能看到天边。或者如果你比较紧张的话，可以想象自己正在与朋友愉快的交谈，好像每一个人都愿意把心里的秘密告诉你。

通过这样的过程，你之前得到的放松状态会被进一步加深。同时，你的身体会得到更进一步的调整。这时，你会感到身上每一个细胞都被自己掌握。自己正处在一种幸福无比的状态中，身心得到很大的放松。

在这样的状态中，你希望得到的那些积极的信息会灌输到你的潜意识当中，这样，即使你醒来，你也不会再受到以前那些消极思维的影响了。

第四步 苏醒

有人可能会担心，如果进行自我催眠，没有别人的引导，会不会醒不过来？

其实大可不必担心。

因为自我催眠类似于一种小寐的状态。它并不是要求你完全失去自我控制能力，而是进行一次对身体的解脱与释放。一般来说，在身体得到放松之后，你会自然的醒来。

如果你担心自己"睡"得太久，可以在催眠之前告诉自己："我将在五分钟之后醒来。"或者"十分钟之后醒来。"这一招是很管用的，一旦这种指令植入到你的大脑中，它就会自动的触发，促使你醒来。

当然你可以设置一个手机铃声作为指令，或者在催眠音乐结束时自动苏醒过来。

心理学家的研究发现，自我催眠对于缓解精神压力，改变神经功能有着很好的作用。许多心理咨询师都要求病人进行自我催眠，以巩固治疗的效果。

自我催眠还可以纠正不良的生活习惯，比如酗酒、吸烟、失眠、心理压力过大等。可以帮助人们解除焦虑、放松心情，建立自信；可以调节自己的情绪状态，摆脱那种消沉和无助，把自己从生活的"监狱"中解放出来。

在某些个案中，自我催眠还能够止痛，让痛觉减轻，帮助你摆脱病痛，增加生活的幸福感。

自我催眠更是潜能开发的利器。

所以，还在等什么，尝试一下自我催眠吧，用它去改变你的生活，改变你的人生，让你重新获得生活的幸福。

02

催眠能够进行自我激励

有一位咨询者，因为刚刚经受失恋的打击，信心全无，总是认为自己"不行"，因为他以前从没有过成功的经历。但是我要求他每天进行一次自我催眠，告诉自己："我能够做到，我并不是别人眼里的那个软弱的人"。结果他真的做到了，进行自我催眠的第二天，就在一次考试中取得了很好的分数。

自我催眠确实可以在很大程度上改变一个人的状态，因为我们的痛苦都是自己想象出来的。比如我曾遇到过这样一位女士，她在年轻时有过被别人欺骗的经历，从那以后对任何人都不信任，并且总是告诫自己："不能相信任何人，因为他们随时可能欺骗你。"其实这就是一种典型的消极式的自我催眠。改变的办法就是用积极的方式去影响自己。

在非洲一些古老的部落里，流传着这样一个传说："如果你相信自己有着神奇的能力，那么你就拥有它。"他们还用这种办法教育那些看上去很聪明，长大以后可能成为部落酋长的孩子，结果这些孩子长大以后真的几乎都成为部落的领袖。其实这些都是他们在用假想来激励自己，结果这些假想就真的发挥了作用。

做一个简单的自我激励练习吧。它既是一种催眠，也是一种激励。

拿一面镜子。尽量让自己去看镜子中的自己。（之所以这么说，是因为我发现有很多人是不愿意照镜子的，因为他们不愿意"面对"里面的自己。）闭上眼睛，用手搓脸部两分钟，直到你的面部发热。然后让手指一个一个的移去。

要注意，一定要一个一个按顺序做，可以从左手开始，也可以从右手开始。直到你能够看到脸的全部。这时你能够发现什么？我想你一定能够看到一个信心十足的自己。

这是一个简单的自我催眠练习。它对于自我激励，提升自己的身心状态，乃至信心很有好处。如果你能够经常这样做，我相信你一定可以很快地从工作的疲惫中摆脱出来，获得一种积极健康的生活状态。

自我激励是催眠的一个很重要的功能。因为我们的身体和心理在通常情况下都受到"压抑"，不能够把其中的活力完全释放出来，所以我们需要有一种能够调动自己的能力，这就是自我催眠。

心理学家罗伦曾经做了一个著名的响尾蛇实验。他把一些人催眠之后，要求他们去摸一条看上去很吓人的蛇。蛇与受试者之间其实是隔着安全玻璃，所以根本没有危险。不过，由于被催眠的人并不知道有那块安全玻璃，受试的四个人中有三个都去摸了。其实在清醒状态下，谁都不敢靠近它。这就是一种催眠状态下的暗示的结果。

当然，你可不要自己去尝试这个。因为即使是没有危险的尝试，也可能会给别人带来伤害，无论是给自己还是给别人进行催眠，都要充分准备，避免负面效果。

在生活中我们也要学会积极地肯定自己。潜意识需要的是自我关注、自我关怀。越是肯定自己，就会变得越强大，越是否定自己，就会变得消极胆小，能力也会渐渐地消失。

掌握这个原理，你就会发现生活其实是完全可以"掌控"。比如当你生病的时候，可以告诉自己："吸进的空气也可以化成一道具有治疗功能的光"，并且暗示自己："我的身体会越来越健康！"上台演讲的时候，可以先告诉自己："等我数到十，我就会变得冷静下来，可以自如的面对观众。"这时，你会发现你想做的几乎任何事情都可以完成，这就是自我暗示、自我激励的结果。

03

催眠能够提高自律性

很多人都缺乏自律性。

比如，你要求自己早上按时起床，可是到了时间，又觉得："唉，这么好的天气，再睡一会儿也无妨。"结果睡到日出三竿还是昏昏沉沉，人越睡越没精神不说，体重也增加了不少。

又比如上街购物，本来出门之前对自己一再地说："只买一件小饰品，绝不买多了。"可是一到街上，脚就不听自己使唤了，最后，买完回来一大堆东西不说，心情还不愉快，因为又没控制住自己。

但是如果你用催眠的办法就会有所不同了。只用小小的几步，就可以改变自己的这种不好的习惯。

为每一步的行动做充分的准备

为了不让你的想法落空，那么请多做些计划和准备吧。比如你想拥有一辆车，一套房，一件漂亮的礼物，那么想想怎么才能够实现。在大脑中反复地预想它们实现的过程，这样，当你发现自己在面对它们时，就会更加自如。因为每一个行动过程都已经让你想到了，剩下的就是怎样把它实现而已。

不要光喊口号，多做一些具体的行动

尽量避免这样的空洞的口号："我打算多做一些体育锻炼"、"我计划多看一点书"、"我想多学一些知识"，这些口号都比较空泛。当你想行动的时候，应该考虑行动的细节——"我打算每天在跑步机上跑半小时"、"我打算看一些销售和管理方面的书籍"等，这些具体的方案能够帮助你监督自己，更能得到成果。

"强迫"去做不愿意做的事

有时候我们确实面对很多自己不愿意做的事，这时，不妨尝试一下，看看如果坚持一下会有什么结果。

我还记得以前有一位朋友，一直从事于某种开发工作，但是由于他这方面的知识储备远远不够，想掌握这些内容要花很多的时间，过程又极其枯燥。不过，为了完成这项工作，他只能够能暂时放弃自己的兴趣，每天强迫自己去记忆那些枯燥的符号，一遍又一遍地重复着练习。虽然十分辛苦，但是他坚持下来，最后也成功了。

其实生活中很少有什么事情是让人很感兴趣，同时又能够给我们带来很大回报的。但生活就是如此，既然选择了，那就选择面对它吧。"强迫"自己去做自己不愿意做的事，你会发现能够得到更多。

培养自己的行动能力

从本质上讲，自律性就是你在被迫行动之前，有能力、有意愿地去做你应该做的事情，不必被督促，或者要求一定程度的奖励之类。如果没有这种迫使自己行动的能力，就很难谈到成功。

所以，不要对自己放松，每一天都要坚持一点，那时，你收获的可不仅仅是催眠的效果，更是触手可及的成功与幸福。

别让恐惧情绪控制自己

如果你觉得做什么事情很难，有很多问题、很多人、很多事在阻碍你，那么不妨对自己说："其实这些都没什么。"想想很多人都坚持住了，自己也可以的。这样，你就会改变很多，不再像以前那么恐惧了。

法国作家伊莲娜曾经遇到一件让她感到挠头的事情。她去日内瓦参加一个朋友的婚礼，但是在途中她被一个老人拦住了，老人告诉他，如果他继续往前走，很有可能就翻车，因为前方的道路很不好走。但她只有这条路可以走，她只能够坚持下去。这时，她对自己说："我应该继续往前走，不要受别人的干扰。"结果，她真的做到了。

坚持你自己，直到恐惧情绪消失，你的行动会越来越坚定，这时，成功也就指日可待了。

所以说，催眠既是一种心理上的自我影响与提高，更是一种实在的行动上的改变。它能够把你的身心调动起来，为你的生活目标做好准备。当你能够用它调动自己，对生活中的每一件事都保持高度投入的时候，你离实现自己的目标当然也就不远了。

04 催眠可以保持积极的心态

催眠可以改变一个人的心态。原因就在于我们的心情，实际上是受我们的心理动机控制的。心理学上有一个术语，叫做"习得无助"，它的意思是说，我们的种种无聊、烦闷的心情，正是因为我们"以为自己是这样，所以才变成这样。"有一句话："你越是无奈，你就更无奈。"说的就是这个道理。

很多人整天陷入到一种低迷的状态中，无法自拔。其实，这大可不必，因为用催眠的办法就可以轻松地改变现状。

试试下面这个办法。

轻松地坐在椅子上，或者躺在椅子上，用双手按摩面部肌肉三分钟，用力地搓双手，好像在洗手一样，让全身的肌肉进一步放松下来。闭上眼睛，心里默默地数数，从一数到十，如果还是觉得有点紧张，再数一次。

在数的过程中告诉自己：

"我正在变得轻松，越来越轻松，身体好像要浮起来一样。"

反复地这样告诉自己，直到你感觉刚才还紧绷的神经一根一根的放松下来，再没有刚才那种紧张难受的感觉为止。

然后，进一步做下面这个练习。

去想象这样一幅画面：

你正站在大海旁边，海面十分广阔，一眼望过去根本看不到边。海风吹过来，轻拂你的脸，你感觉十分温暖舒适。海浪轻轻地洗刷着你的脚底，浸润着你，你感到舒服极了。

接着，继续告诉自己："我的心情越来越好，越来越轻松，生活中再没有什么事情能够让我烦恼的了。"不断地默念，不断地这样告诉自己。

如此重复三分钟，看看你会有什么变化？

我想你的心情一定会变得豁然开朗，与刚才完全不同。

我有一位朋友，到国外留学，因为人生地不熟，又有语言上的障碍，一度很难受，很想回国。可是，既然已经去了，怎能辜负父母和家人的期望呢？在压力最大的时候，她正是靠催眠来调整自己的。她常常对自己说："一定不能放弃，要积极努力，就可以改变现状。"而且她每天晚上都做半个小时的入静练习，结果，在入静状态下，她的思维和情感都发生了很大的变化，再不像以前那么消极了。

心理学上认为，人的思想是主动的。你越是调动它，它所产生的力量就越大。但如果你总是对它听之任之，任由它松懈下去，它的能量将会很快地衰减。拥有积极主动的思想，不断告诉自己："我可以做到，我能够做到，我一定能够改变。"你就会发生变化。消极被动的思想则相反，它会阻碍你，消减你的能量，让你越来越懒惰，直到让机会白白溜走。

提高主动性的关键就是要不停地告诉你自己："我可以"，"我能够做到"等。通过自我催眠把这种积极的意念传递到自己内心深处去，它会在潜意识层面改变你的思想和行为，然后让你的生活发生改变。

具体要怎么做呢？

把每一个想法记下来

比如正在读这本书的时候，你的脑海里突然闪现出一个灵感，那么不要犹豫，立即把它记下来，写在你随时可以看得到的地方。在写下它们的过程中，你的手，你的身体，你的肌肉都在行动，这就是一种对你的暗示。在接受了这种暗示之后，你的身心将会行动起来。这种灵感是随时出现的，每天在上班坐地铁的时候，晚上走在回家路上的时候，或者躺在公园的长椅上休息的时候，你可能有很多奇思妙想，把它们写下来，然后就能改变你自己。

不要抱怨

有一位家庭主妇，听说一个庙里的神仙很灵，就去祷告。她不停地祷告，希望神仙能够帮助她解决生活中的种种问题，可是无论她怎样努力，问题也没解决。最后她不解地问神仙："我这么虔诚地请你帮助我，为什么你不理我？"

神仙无奈之下开口了："你的唠叨让我精疲力竭，我还哪有心思帮助你？"

这当然只是一个笑话。不过生活中确实应该减少抱怨，不要让那些没用的坏情绪破坏你的生活。你可能有永远也洗不完的锅碗瓢盆，一堆一堆等着要熨烫的衣物，任何人想到这些都会觉得麻烦。可是生活就是这样，没办法改变的话，就用乐观的态度面对它。一件一件地去做，总能做完。

让不喜欢的话成为"耳旁风"

有一个故事，说有一大群青蛙举办登铁塔比赛，看谁能够最先爬到塔顶。比赛开始了，大家都奋力的向上爬去。有一只小小的青蛙也在队伍当中努力地爬着，不过老实说，没有谁相信它也能够爬到塔顶，因为它看上去太弱小了。大家纷纷议论：

"这太难了，它肯定到不了塔顶！"

"它不可能成功的，别试了。"

别的青蛙听到这些话，有不少泄气了，一只一只的退了下来。那只最不起眼的青蛙反倒是冲在前面。最后，其他所有的青蛙都退出了比赛，只有那只最小的青蛙，虽然费了很大的劲，终于还是到达了塔顶，成为唯一的胜利者。

从这个故事中可以得到什么？

如果听到的不是积极的话，那么把它忘掉吧。

规划好你的时间

不要让你的生活乱糟糟。善于利用时间不仅是一个好的生活习惯，还可以大大地提高办事效率，把你的生活中的每一件事安排到日程表上，购物、旅游、做面膜、上一堂健身课、看一个电影等，有了这样一份计划书，你的生活将会变轻松自如。

学会感恩

学会感恩，生活会改变很多。

用积极和感恩的心态来面对生活中的每一天。虽然生活中可能有很多不愉快的事情，但是生活毕竟还要继续。

对每一个你遇到的人报以微笑，与每一个你遇到的人聊上几句。给朋友打个电话,告诉他们你很好,想到生活中我们还有朋友,有家人,有孩子和我们自己,是不是心情好很多。

只要你能充分地调动自己,你的身体将会变成一台永动机,你内在的能力会发挥出来,帮助你实现目标。绝不能让消极的念头控制你,因为那样你得到的只能越来越少。

05
催眠可以让思考能力更强

一个人的大脑在某种意义上来说是一台超级计算机。它有近100多亿个神经细胞，它们之间的联结更是多得难以想象。大脑决定一个人如何感觉、如何知觉，如何行动以及如何与他人相处等。

但是，并不是每一个人的大脑都可以得到充分的开发，有很多人的脑细胞经常处于一种闲置的状态，这时就需要有一种方法，让它活跃起来。

可是怎样才能够唤醒大脑的功能？

大脑能够产生脑电波。科学家发现，人的脑电波分为α（阿尔法）波、β（贝塔）波、θ（塞塔）波、δ（德尔塔）波四种。

其中α波的频率为每秒8~13次，平均数为10次左右，它是正常人脑电波的频率，如果没有外加的刺激，其频率是相当稳定的。人在清醒、安静和闭眼时该节律最为明显。

β波，频率为每秒14~30次，当一个人的精神紧张和亢奋时会出现这种波。

δ波，人在疲劳和昏睡状态下，会出现这种波段。

θ 波，人在情绪比较低落时会产生这种波。

国外心理学家的研究表明，当一个人处于催眠状态下时，α 波与 β 波会明显地增加，θ 与 δ 波则明显地减少。这就意味着，此时，我们的大脑功能会被进一步增强，甚至不低于清醒状态下的水平。由于 α 波与 β 波增强了，于是我们会感到："大脑运转特别快"、"灵感出现了"。这就是为什么很多人会感到在催眠状态下，思维能力明显加强的原因。

从生理上的表现来说也是如此。当一个人处于催眠状态下时，脑内的生理功能也会改变，脑内乙酰胆碱、多巴胺的分泌得到加强，疲劳素分泌减少。所以，在催眠状态下，一个人可以很好地改善情绪，释放压力，开发潜能。

人的大脑能够接受各种形式的心理暗示，让我们的思维功能得到增加。

大脑分左脑右脑。每一部分的大脑又可细分为前额叶、后额叶、顶叶、颞叶、枕叶。它们分别掌握人的动机功能、思维功能、体觉功能、听觉功能、视觉功能。

前额叶接受目标性和指派性的工作。

后额叶接受图像、语言和数学推理的暗示。

顶叶接受压力与感觉的暗示。

颞叶接受身体、姿态表情的暗示。

枕叶接受色彩、线条的暗示。

要想开发大脑的潜能，可以从这些角度，分别提供相应的刺激与暗示，这样一来，大脑功能就可以增强。

比如在一个标准催眠程序当中，你可以用色彩去激发自己大脑的想象力。

可以准备一些图画，画面中有各种色彩，比如有郁郁葱葱的树木，有湛蓝的天空，有深邃的星空，有金黄色的落叶等，它们都是能够很好地暗示大脑的元素。

可以准备一些舒缓、优美的音乐，它能够激发大脑内细胞的活动。大脑内的细胞有一种自然的节律，这与音乐的节拍是一致的。

可以注视这些图片三分钟，让那些色彩尽可能的浸入到你的感觉当中。

然后闭上眼睛，让自己尽量地放松下来，身心都处于一种快要睡着，但又没有睡着的那种状态。

这时，不断地回想起你刚才看到的画面。

有树木，有天空，有星空，有落叶……

每一幅画面都是一种刺激和提醒，能够把你脑内沉睡的细胞唤醒，加强它们之间的联结。

在你回忆这些画面的时候，你不仅要注意它们的颜色，还要考虑它们的大小、形状、布局、每一个画面内的细节。这样，你的思维功能就会进一步发散和拓展。

如此坚持五分钟，看看效果会怎样？

我曾经要求一些自称总是在考试前患上"考试遗忘症"的人去做这种催眠练习。他们对我说："一到考试之前，就十分紧张，不敢打开书本，即使打开书本也好像什么都看不到，什么都记不住一样。"

但是通过这种练习，他们很快就进入角色，记忆力增强了不说，解决问题的能力也增强了。其实这都是心理暗示带来的结果。心理暗示不仅能够改善我们的身心状态，还能够提高各种思维能力。

在生活中你可以随时进行这种暗示练习。

比如美国心理学家罗伦斯·C.凯兹发现，那些在生活中不断暗示自己去听、去看、去想的人，往往比那些沉默寡言，对周围的事情毫不关心的人更聪明。在他看来，因为这些人能够鼓励自己不断地去想、去思考，他们身体的各种功能会自然地被发掘出来，进入到一种时刻有"准备"的状态，他们身心的功能自然就会加强。

在我们不断进行自我催眠的时候，大脑就会把这些信息整合起来，取得意想不到的成果。比如你每天告诉自己，我要坚持下去，多思考，多努力，我一定能够成功。结果在不经意之中，你会发现自己不知道在什么时候就进步了，考试不再焦虑，与别人交往不再紧张，上班不再感到疲惫不堪，与爱人不再闹矛盾，幸福的生活与成功的人生由此而来。

所以，不要再犹豫，学一点催眠术吧，用它去调动你自己，在生活中的每一天提示你，把你的大脑的潜能开发出来，这样你一定会取得成功！

催眠可以提高分析问题的能力

试着用自我催眠的办法去改变自己，看看你的身心是否会发生变化。

远离电脑

有的人整天坐在电脑旁边，身体似乎成为电脑的"一部分"，这样下去，他的生活就会越来越封闭，思维也会退化。美国加州拉萨克生物学院的科学家发现，整天坐在计算机旁边的人，患有抑郁症的比例往往会更高，这是因为网络"吸走"了他们的能量。所以，每一天提醒自己，要回到真实的生活中。在现实生活中，你的每一个细胞都开始活动，这样你的生活会更丰富多彩，更健康，你也更有成就感。

让自己的思维保持在一种活跃状态

要学会积极地思考，不要让懒惰控制自己。懒惰是一种迟缓剂，会让你的身心疲惫，失去主动性。有很多好玩的思维游戏，比如"汉诺塔"、"推箱子"、"猜字谜"等，都需要用大脑里的不同的区域来完成它们。主动调动自己的思维，这样你会变得更积极、更有活力，还可防止你的思维退化。

尝试不同的生活

可以用左手使用鼠标，换条新路线去上班，到陌生的地方去旅行，读一些流行的小说，看一部新奇的电影。改变生活方式会给你带来全新的感受，你会从中得到很多有意义的启示，让你的生活丰富起来。

不要拒绝自己的好奇心

要用孩子一样的、充满好奇的眼光去观察这个世界。生活中有积极的一面，也有消极的一面，如果你总看到消极的一面，就会受到影响。要像孩子那样去理解这个世界，这样你的生活才会变得简单。多给自己一些尝试和冒险的空间，不要墨守成规，你会惊讶地发现，生活中原来有这么多有趣好玩的事可以做。

乐观的生活

微笑可以促进体内释放内啡肽及其他有积极力量的化学物质，改变身体的各个层面。它还可以帮助你减压，消除你对生活的恐惧感，给你带来好心情。更重要的是，微笑可以改变你对生活的感觉，让你对每一件事情都充满信心。你的人际关系也可以因此而改变。所以，把微笑看成是对大脑的快速充电，你的生活一定会有新的变化。

减肥

讨厌的脂肪会让一个人变笨。美国的科学家研究发现，让老鼠们食用含有40％脂肪的食物，它们某些思维功能就减退了。实际上我们的感觉、知觉、记忆力、想象力等都会受到过多脂肪的影响，它会让你的反应速度变慢。所以，减肥吧。每天提醒自己："不要吃得太多，吃饱了即可。"这样你就能够控制自己，你也会因此变得与以往不同。

回忆过去的事情

闲着无事的时候翻看一些以前的照片，比如你与同学的合影，与家人一起出游时的场面，生日宴会时的场景等。回忆过去不仅是一种"怀旧"，也是一种思维锻炼和心理上的满足。它可以把你的感情调动起来，使你自动地进入到一种"充满爱"的状态，这与催眠师进行心理治疗的效果是相似的。让感情重新回到你的生活中，你会因此变得健康。

学学音乐

音乐对于身体和心理的节律都有很好的促进作用，这是因为我们的身体也有节律，比如一个正常人心脏的跳动次数是每秒钟80次左右，很多音乐的节拍也是类似的。听音乐、学音乐都能够改变你的心情。因此心理学家常常建议人们学一样乐器，就是这个道理。同样的，欣赏一些绘画，或者自己涂鸦一下，也可以改变你的性情，释放压力。

种几种植物

如果你的花盆太小，那么请在阳台上开辟一块天地吧。人是自然的生物，但生活留给我们的空间太小，所以，请为自己开垦出一块空间吧。种下的不仅仅是某几种植物，比如花，草，更重要的是你对生活的感觉。健康成长的植物会给你带来有益的暗示，让你心里乐观、豁达，充满勇气。其他一些活动，比如读书、绘画、园艺、缝纫，打桥牌等也会带来类似的效果。

运动一下

如果你厌恶每天长跑，那么请在跑步机上慢跑十分钟吧。哪怕是在上面慢走一会儿也行。健康来自于运动，在运动中我们身体的每一个部分都会接受暗示，变得更加协调，你会因此变得更健康，更有能量，对生活的控制能力也更强了。

远离酗酒者

烟可能引发癌症，酒能够杀死脑细胞。日本的科学家研究发现，吸烟与饮酒的人，到了老年，患有老年痴呆症的几率更大。所以，如果你还沉浸在烟酒带来的刺激中，那么请从现在开始改变它。每天告诉自己："我不需要它们了，我需要新的生活。"这样慢慢你的生活就会改变，逐渐远离这些不良的生活习惯。

充满激情

如果你是一个比较悲观的人，那么请从现在开始改变自己，告诉自己："我将会乐观起来，我将会发生改变。"渐渐地，你的心情就会改变，乐观的情绪将会充满你的内心，生活也会因此发生改变。

广结益友

让你的身边充满各种有创造力、有思想、活跃的人，因为"共振效应"的存在，他们就会影响你，你也会变得有思想，有活力，更有能力。

当你能够做到以上这些时，你的生活将会发生很大变化，因为生活中的每一点一滴都被它们调动起来了，积极的力量将会改变你，当然，你再想实现什么也就不难了。

第6章

别总是命令下属

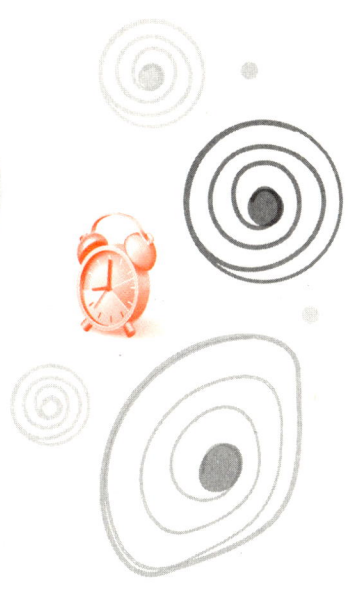

- 01 "温情式"管理
- 02 学会与下属沟通
- 03 让大家信任你
- 04 尊重下属的意见
- 05 权力≠权威

01

"温情式"管理

你可能很难想到,催眠在管理中也可以有广泛的应用。

催眠,就是用你的语言、各种信号、行为去引导和指挥一个人,使被催眠者进入到一个思想高度集中,近似于睡眠但与睡眠又完全不同的状态。这时,由于你与催眠对象之间有一种高度的默契,因此,无论你说什么,他几乎都对你言听计从。

在管理学当中,我们同样要用这种办法对一个人的思维、感情产生影响,然后让他们与我们一起实现目标。尤其是如果我们想让一个人发自内心地听从我们,不能只靠强硬的命令,而必须是以一些温柔的方式。这与催眠是很相似的。

在管理学中使用催眠,往往可以起到更好的效果。

有这样一位管理者,他貌不惊人,体不出众的,可以说各方面都看不出他哪里比别人强,但偏偏就是他,击败了很多人,升职成为公司中的高管。后来还是在一次聚会中,他说出了其中的秘密。其实就是见人三分笑,遇人五分亲,无论谁与他相处时,他都尽量让大家看到自己聪明能干,自然大度的那一面。这样,与他交往的人多了，时间一长，大家都觉得他是一个有能力、性格好、很容易相处的人，自然都愿意服从他。就这样，从一开始一个不起眼的人，变成公司管理层的重要一员，这就是他自己的催眠术。

西方心理学家做过很多研究，他们发现，在管理工作中使用催眠术，往往比那种直接向对方下命令式的管理更有用。因为人都是不喜欢别人直接指挥自己。催眠，虽然是用一种"温柔"的方法，但往往可以起到更好的效果。

比如有一位心理学家做过这样一个实验：

他们在芝加哥的一家工厂里，想知道改善工作条件对一个人的生产效率有怎样的影响，于是他们就采取一些办法，例如调整照明强度、改变空气湿度等，希望通过这些使下属更愿意工作。结果却发现，员工们真的愿意工作了，然而究其原因，却不是这些外在条件的改善，而是他们觉得自己受到了关注，感到了温暖，因此更愿意努力工作，这就是很有名的"霍桑效应"。

同样的现象还发生在秘鲁的一所监狱里，囚犯们都在没有铁丝网圈定的旷野里工作，狱警们手中甚至没有枪。就是在这样的一个宽松的环境里，几年来居然没有一起囚犯逃跑的事件，这几乎让人难以相信，然而，它却是真实存在的。

他们是怎么做到的呢？

其实原因很简单，他们用的就是一种被称为"温情式"管理的方法。在这里，管理人员就像囚犯的亲人一样，每天与他们一起工作、聊天、吃饭，有时还举办K歌比赛和"家乡厨艺大赛"。有了这样的举动，管理人员与囚犯之间的对立消除了，取而代之的是感情的融洽，当然，也就没有谁再逃跑了。

这就是一种类似于催眠的办法。它在无形之中，用我们的语言、声音、肢体动作、表情，甚至是书面信息去影响一个人，因此我们就能够与他人建立更好的关系，达到有效管理的目的。

　　我们常常看到一些管理者，生怕别人不服从自己，态度特别严厉，每天对人指手划脚的，其实他们本身并没有什么恶意，只是出于管理的目的。但因为态度太过严厉，往往会招致下属的反对。所以，这时还不如换一种方法。人们常常反对苛政，而喜欢温和、有感情的管理，就是因为这样，人们都愿意在一种温暖的气氛下工作。在这种气氛下，人与人之间的关系会特别融洽，彼此之间形成一种深深的默契，有这种环境即使是得到的工资待遇不高，也不会那么计较。

　　一般来说，在生活中我们要对人和言悦色，尊重对方，行事谨慎，注重细节，从各种细微处去关怀对方，这样，我们就能够把对方引入到一种催眠状态。在管理中也是类似的。比如时常关注员工的感受，从员工的角度考虑问题，用动听的话去打动员工，让他们知道你的好意，这样，他们就会被你感动，管理就会轻松很多。

02

学会与下属沟通

设想在工作之中，因为一个不经意的失误，你把一件事情做砸了，结果上级把你叫到办公室，冲你大喊大叫："你怎么就这么笨，连这么点事都做不好？"

工作之中这种情况是时常发生的，但如果因为一点小事，就对别人大喊大叫，这只会适得其反。

沟通对于催眠很重要，因为我们内心的想法、期望，都是通过相互之间的沟通表达出来。如果处理不当，不但达不到引导对方的目的，还有可能会让别人对你产生误解。

在管理中也是如此。

卡尔文·柯立芝是美国历史上第三十位总统。这位总统以少言寡语出名，所以又被人们称作"沉默的卡尔"，但他也有语出惊人的时候。

柯立芝有一位女秘书，人长得很漂亮，但在工作中却很粗心大意，经常出错。一天早晨，柯立芝看见秘书走进办公室，就对她说："今天你穿的这身衣服真好看，正适合你这样年轻漂亮的小姐。"这几句话出自一向少言寡语的柯立芝口中，真是让秘书受宠若惊。但他马上接着又说："但也不要骄傲，如果你的公文处理得和你一样漂亮就好了。"听到这样的话，女秘书感到很不好意思，果然从那天起，她在公文上很少出错了。

一位朋友知道了这件事，就问柯立芝："这个方法很妙，你是怎么想出来的？"柯立芝得意洋洋地说："很简单，你看见过理发师给人刮胡子吗？他要先给人涂肥皂水，为什么呀，就是为了刮起来让人不痛。"

那么，在管理中，怎样才能够做到"催眠"一样的沟通呢？不妨按照以下的办法尝试一下。

像对待家人一样对待下属

人们常说："一句好话十人知，一句坏话百人传"，对下属，宁说几句好话，也不要说些过分的话，让他们没了尊严。俗话说"不知者不为过"，不该因为一个别人不知道的错误而批评他。所以，有问题一定要先提出来告诉他们，如果接下来他还是这样做，再批评他，往往可以起到更好的效果。否则就会有人觉得："哦，你从来没跟我说过啊，我怎么知道？"这种提前警示的效果，往往与暗示相同，可以达到有效管理的目的。

不要随便发脾气

很多人喜欢冲下属大喊大叫，结果呢，自己的怒火是发泄出去了，别人却要承受他的坏情绪，这对下属是不公平的。适度地批评即可，不要发脾气，尤其不要进行人身攻击，这样，即使你原来再有道理，也会让人以为你是一个偏执的人。

尽量不要当众批评下属

古时候，有一位名叫黄喜的相公，有一天，他微服出访，路过一片农田，感到很累，就坐下来休息。这时，他看见田地里有一个农夫赶着两头牛正在耕地。便问农夫，你这两头牛，哪一头更棒呢？农夫看着他，一言不发。等耕到了地头，牛到一旁吃草，农夫附在黄喜的耳朵边，低声细气地说："告诉你吧，边上那头牛更好一些。"黄喜很奇怪，问："你为什么用这么小的声音说话？"农夫回："牛虽然只是动物，但也是有心的。我要是大声地说这头牛好，那头牛不好，它们能从我的眼神、手势、声音里分辨出来我的评论，这样，那头虽然尽了力、但不够优秀的牛，心里肯定会很难过……"

这当然只是一个笑话，不过，在管理之中确实是这样，如果我们当众批评一个人，让他在别人面前没有尊严，这样，就算他心里再想与你亲近，行动中也不敢了。

当前的批评不带到日后的工作中

管理中一旦实施了惩罚，在以后就应该一视同仁。过去的就让它过去，既往不咎，这样既体现了你的公平，又有助于你们继续建立融洽的关系。

有时也要注意自己的言行

批评别人的时候首先要保证自己是正确的。有的人，自己还不知道是怎么一回事呢，就想着把别人拿来批评一顿，这种做法是不对的。想一下，如果你本身就有问题，他们又怎能服气？所以，在批评下属的时候，要首先问一下自己："我是正确的吗？"如果发现了错误，要及时改正，避免引起更大的矛盾。

经常与下属常谈心，增强凝聚力

有一位高层管理者，当他还是普通职员的时候，他的领导总是找他谈心，给他很多帮助，现在，他升职了，也保留了这个好习惯，没事的时候他就找下属谈心，了解他们的生活、工作，每次谈完对他自己也有很大的收获，因为他知道了下属的真实情况。下属也从这样的互动中得到很大的鼓舞。所以，谈心是很重要的，它可以让你了解你的下属们对公司发展的看法，心态变化等等，促进你们之间的交流，增加彼此的信任。这样你再做工作，他们就会很配合你，再不会"明修栈道，暗渡陈仓"了。

注意语言，体现你的张力和幽默感

与下属谈话，一定要语气大方，自然幽默，充分体现出你的张力和自信。可以适当点缀些俏皮话、玩笑话，既可以活跃气氛，又可以体现你的渊博，可以说是一举多得，何乐而不为呢？如果能够做到这一点，势必会使你的下属们更愿意服从你。

归根到底，管理中的"催眠"，就是要充分运用"感情"的技巧，推心置腹，动之以情，晓之以理，达到打动人心，"攻陷"对方心理堡垒的目的。实际上很多优秀的管理者，也都同时是一个善于交友，善于倾听的人。与你的下属多沟通，把他们的要求当成你自己的，适当地加以满足，你就会发现他们会把你当成亲人朋友一样，对你言听计从。

03 让大家信任你

1968年,美国福特公司开始在日本开拓市场,这时来自中国台湾的程美玮接受了公司总部的受命,到日本就任该公司亚洲部的总裁。然而,在上任后不久他就遇到一个很大困惑。公司里无论是中高层管理者,还是一般员工,对他这个新来的总经理一点都不当回事,对他的话当着他的面毕恭毕敬,转过身就成耳旁风。此时,他面临的最大难题就是如何让下属信任自己。

可能有人会疑问:难道作为公司的总经理,他的话还会有人不听吗?可事实上就是如此。程美玮的日语不太好,与下属沟通起来有一些障碍;另一方面,公司的中高层管理者几乎都是日本人,对他这个中国台湾来的人从心底里感到不服气。但程美玮并没有退缩,一方面,他运用自己手中的权力,对几个拖延他命令的下属进行了严惩;另一方面,他开始努力学习日语,在与下属的沟通中,尽量用日语而不是英语沟通。除此之外,他每天午饭和晚饭都是和公司的员工一起吃,晚上还经常和他们一起加班,加完班,还按照日本人的习惯,一起到酒吧喝酒,就这样,通过制度的管理,他树立了自己在下属心中的地位；同时，又通过积极亲密的接触，让公司的员工对他产生了很强的信任感。最终，在他的管理下，公司扩大了在日本的市场规模，他也取得了成功。

作为管理人员，在工作中最希望看到的就是下属承认你的地位，信任你，关爱你。可是，要想让员工尊敬、爱护你可并不是一件容易的事。因为在很多公司之中，工作的关子并不是那么融洽，这需要你一点一点地去改变。

要表现得大度、自然、可靠

美国前总统尼克松曾因为窃听竞选对手的通话被媒体爆光，随后就因为这一件事，失去了公众的信任，被迫辞职。管理者在一定程度上都是公众人物，是下属目光集中的焦点，大家对你有着很高的期待。人们总是愿意让能够严谨、自律的人作为自己的管理者，所以，要表现得自然大方、诚实可靠，这样大家才会信任你。要让人感受到你诚实、专注、公正、进取的那一面。

与下属们打成一片

我以前认识一位朋友，他是一家咨询公司的高管，可是他一点架子都没有，平时吃饭、出行都是简简单单，在公司里也很随和，结果公司里的人都很尊重他。

越是有权威，就越要表现得平常，这样就会让人感觉你亲近、随和，下属们就会更加喜欢你。

多从小事、细节入手

记住对方的名子，再见到他，就能够喊出他的名子，这样他必然会很感动，对你另眼相看。这时，不管你再说什么，他都会更愿意听。必要的付出、嘘寒问暖、关怀体贴，在下属工作中遇到困难的时候，给他们一定的帮助，他们心里自然就会感激你，很快会与你成为好朋友。没事的时候多聊天。聊天是一种很好的沟通方法，就如同心理咨询一样，帮助别人疏导一下内心的感觉，会与他们产生更强的亲密感。

能够接纳别人

做事成熟老练，不给别人制造麻烦，不迁怒于人。理解和尊重下属，倾听下属的心声等，这些都能够增加你们之间的信任感。

给下属自己的时间

我注意到在许多公司里，大家下班后都不愿很快离开，有些人即使下班后没有事做也要在办公室里多留一会儿，但实际上并不一定是因为他们真的那么热爱工作，而只是因为老板自己喜欢这样做而已。但员工可能对此很反感。要想让员工真的喜欢你，就不能太勉强他们，如果他们工作真的完成了，应该让他们按时下班。如果可能的话，你也可以为他们创造宽松的环境，让他们尽快完成工作。

允许下属有不同意见

某一位领导，因为下属提了一点不同意见，结果十分恼火，大发雷霆，还给下属扣了帽子，如"不服从管理"，"自作主张"等。结果呢，别人看到了，都觉得他情绪太不稳定，从那以后，谁都不敢和他说自己的想法了。要允许别人有不同意见。工作中总是有不同性格、不同类型的人，要承认人与人之间存在差异，克服自己的偏见，宽以待人，这样才能使你周围的环境更和谐。

让每一个人都成为你的好朋友

以前曾认识一个人，家里是开公司，规模很大，发展很好，但他在公司的重要岗位上，安排的都是自己的亲信，然后把其他员工安排在那些不重要的岗位上，一旦问题发生，他就偏向于自己的那些亲信，对其他员工却一点都不关心。结果，久而久之，大家都觉得他这个人不可交，还是早点离开为妙。最后，熟悉他的人都离开他跑了，他的公司也失去以往的活力。

相信有了这些方法，下属们就会很容易与你成为好友，听你指挥，这时，你再要他们做什么，他们也很难拒绝了。你的管理也自然就成功了。

04 尊重下属的意见

不管下属说什么，都不要直接否定他们。如果觉得他们说的实在是没道理，可以委婉地这样说：

"你说的有一定的道理，不过我要再想想好吗？"

"我等一下回复你。"

"现在还没到时候，等需要的时候再说吧。"

这样，既能够让他们不尴尬，又能够把意见分歧消灭于无形之中。在制定方案时，可以邀请下属们一起参于讨论，这会让他们有一种主人的责任感，更愿意为你努力。

概言之，一定要学会用感情激励你的下属。俗话说"人心都是肉长的"，面对你绵绵的感情攻势，我想除非是铁石心肠的人，否则不可能不被你所打动。一旦你们进入了感情的"甜蜜"期，那时你再想做什么，他们也都会愿意听从你不是？这就是管理中的一种催眠策略：用感情去打动别人，然后你就能更成功！

据美国《财富》杂志的一项调查，在成功的管理者当中，绝大多数人都是调动下属积极性的高手，他们能够把下属积极性激发起来，让他们心甘情愿地去工作，结果往往更容易实现目标。

生活中常见这样的管理者，自身能力很强，也很有雄心，但因为总是与下属相处不好，不能把大伙拧成一股绳，结果失去很多机会。

比如有这样一位管理者，五十多岁，性格比较古板，做事也很谨慎，对下属们一直采取一种"严治"的态度，如果稍与他的意见不同，就会被批评。由于他的下属们都是年轻人，最大的也就二十五六岁，他们很不习惯这位长者的管理方式，尤其不喜欢他冷冰冰的面孔，每天都要教训人的样子。这样一来，他们的关系搞得很紧张。当然，这位管理者的工作也不好做。

那么，怎样才能用催眠的方法调动下属的积极性呢？

与下属们一起工作

每个人都是在追求自己的工作目标，要想调动下属，就是要把他们的目标与你的目标结合起来。一些有经验的管理者都会把下属的生活与自己的生活结合起来，这样就可以在生活中的各个方面对他们施加影响。

比如和他们一起做事，告诉他们，自己喜欢怎样的工作方式；大家在工作中一起体验各种得与失；向他们袒露自己的心事，与他们一起承担压力；与他们一起休息、娱乐等。这样，下属就会觉得你们是一样的，就愿意与你对话。心理学上把这种袒露叫作"通情"，有了这样的一个过程，你们的感情就能够联系在一起。

双赢

据说在中美洲有一种鸟叫文鸟，它们常常把自己的巢安置在黄蜂的巢穴旁边，有趣的是，黄蜂却从不得罪自己的文鸟邻居，反而对侵犯文鸟的鹰、蛇等各种敌人毫不留情。作为报答，文鸟的存在也会使黄蜂的天敌——另外一种凶猛的细腰蜂避而远之。这一聪明的举措，有效地保护了文鸟的安全，也使黄蜂受益匪浅。

这就是一种共赢的关系。

"投之以桃，报之以李。"人与人之间最讲究共赢的关系。大家在一起做事情，不仅自己要有收获，还要让每个人都有收获，这样才能够把事情做下去。在管理中也是如此，下属为你工作，你为他们指路，你们双方都有回报，这样你们的共事才会让双方满意，否则就很难成功。比如有时候会看到一些管理者不尊重下属，对他们的要求毫不在意，导致双方关系紧张，这种情况应该避免。

了解他们的需要

如果你是一个聪明的管理者，就会认真观察下属们的需求，并适当予以满足。

有这样一位管理者，最近发现一位下属的脾气很不好，经常与别人吵架，经过向别人询问得知，他最近因为失恋而心情不好，别人叫他做什么，他都不想做。了解这个情况之后，这位管理者要他先平静一段时间，并到处联系，为他介绍新的女朋友。就这样，这位下属的坏情绪没了，工作状态也好了。

了解彼此的需要，会让你抓住人际交往的主动权。了解下属的需求，就等于找到了一把打开他们内心世界的钥匙。

既要有自己的观点和立场，又不能太固执

尊重事实，既要有自己的观点与立场，又要有足够的弹性，这样你才能够在人际交往中占据主导地位。

生活中人们的性格千差万别，你会发现如果用统一的尺度对待每一个人，几乎很难行得通。这就要你"刚柔并济"，保持自己的原则和立场，但同时又要有足够的灵活性，用灵活的方式去解决问题。

比如某位管理者曾要求下属们必须统一各自工作文档的格式，

但在实行过程中他发现有一位下属总是与众不同，做一些很特殊的设计。后来他意识到这位下属是一位个性很强的人，总想有自己的见解，但这位管理者也包容了他的个性，因为他觉得这位下属的设计确实是合理的，而且是很有新意的。

允许下属与你有所不同

美国在南北战争初期，北方的领袖林肯总统选拔了很多看上去很听话，但是缺乏实际工作能力的人担任北军将领。这些将领修养很好，性格温和，服从他的命令，然而却缺乏实际用兵打仗的才能，结果一个个被南军的将领打败。林肯受到了极大的启发，他分析了对方的将领，从杰克逊开始，几乎个个都有明显的缺点，但几乎每个人又都有自己的特长。他因此得出了如下的结论："用人不能只看一个人的优点，要允许别人有不足。"在经过反复的思考之后，他任命了酒鬼格兰特为北军将领，当时舆论大哗，人们都认为这是一次失败的任命，北军要完了。但事实证明，格兰特具有很高的治军打仗的才能，正是由于对他的任命，才使北方军队逐渐占了上风。

所以，要对你的下属们持一种宽容的态度，允许他们有一些小毛病的存在，这会增加他们对你的信任度，更好地为你的目标而努力。

坦率、真实

真诚是最直接的沟通方式，最容易让人产生信任感。人们都喜欢真实的人，尽量不要遮遮掩掩，让人对你产生疑虑，这样大家可能会觉得你是一个圆滑、难以相处的人。

倾听与反馈

与别人谈话的时候，要注意认真倾听。倾听可以把你的关怀和理解传递给别人。用积极的语言、微笑、表情动作等向对方表示肯定。这样你们的相处就会更融洽。如果有不同意见，也不要急于否定，因为"有理不在声高"，给他们一些辩解的时间，反而容易达到你的目的。

总而言之，管理是一个全面的、多方位的行为，要运用你的各方面的影响力，调动下属的积极性，这样你的目标才会实现。

05 权力 ≠ 权威

谁都想有权威，有了权威，自然你的一言一行之中，都透着有着一种说不出的影响力，不用说话，就足以把人震住。这就叫"不战而屈人之兵。"

可是怎样才能够有权威呢？

有很好的职位只是一方面。如果你是管理者，当然就会有相应的地位和权力，这会给你很大的尊严，让别人服从你。但是，光靠这个还是不行的。

一个人的权力有很多方面，如果想影响别人，还要靠其他方面的培养。比如自身的品格、性情、人格魅力等，它们同样可以让别人尊敬你，让你的工作更得心应手。

运动、健康的形象

只有最强壮的狮子才能够赢得狮群中的领导位置。运动健康的形象，无疑会增加别人对你的好感。人们都喜欢与那些健康、有活力、活泼可爱的人相处；相反，病怏怏、神气不佳的状态，多半会让人不自觉地想远离你。所以，平时多运动一下吧，把你阳光灿烂的那一面表现出来，然后让别人把信任都投给你。

高情商

所谓情商是指一个人协调自己的情感、控制情绪的能力。高情商的人能够很好地控制自己的情绪，不大喜大悲，情感体验温厚而平和，很少有愤怒、憎恨、忧郁等情绪失控的时候。同样，优秀的管理者往往具有很高的情商，具体表现在：不会轻易发怒，不容易被挫折击倒，始终能够保持乐观情绪，即使面对很大的压力也能够从容自如；对工作、事业执着，努力工作却又不会变成工作狂；诚实可靠，有强烈的道德心与责任感，具有很强的感染力和影响他人的能力，能够受到下属的拥护和爱戴，等等。

高智商

智商是指一个人能够准确地理解事物，并且做出选择的能力。高智商者大都思维缜密，反应灵敏，能够看到事情的发展方向，提早行动，可以说是："运筹于帷幄之中，决胜于千里之外。"心理学家的研究表明，优秀管理者的智商一般在120以上，高于一般人的平均水平。但也要注意，智力并不是决定一个管理者成功与否的唯一因素。又有研究表明，在决定一个人成功的各种因素中，智力因素的影响仅占20%。智力还需要与人际相处能力、意志力等其他因素协调起来才能够发挥作用。

领导欲与成就动机

优秀的管理者往往具有很强的领导欲和追求成就的意愿，他们有着很高的目标，不安于现状，能够承担风险与责任，即使面对失败也不放弃，一心希望成就一番事业。

激励能力与影响能力

要想成功，还需要很强的激励能力与影响能力，因为，我们不可能靠一个人成功，只有依靠别人的共同努力才能达到目的。所以，一个成功的人往往也是社会化的，成功的管理者自身往往有着很强的人格魅力，善于调动别人，激发别人。很自然的就能够影响别人，让大家与他一起努力。

善于沟通，有着良好人际交往能力

优秀的管理者大都很善于沟通，与他们在一起，你会感到很舒服，绝不会感到尴尬或别扭。他们大都是人际交往中的高手，能够很恰当地与上下级、同事等各方面人士建立起良好的关系，有了这些"人脉"，他们再想做什么都不会感到为难了。

加拿大管理学家明茨伯格根据管理的特征把管理者分为八种类型，在这里可以供你参考，分别是：

政治家型

这种类型的管理者大都野心勃勃，喜欢四处走动，以获得同事们的支持。他们把自己的主要精力用在扩大影响上面，同时力争与上下级搞好关系，可以说是很有政治家风范的人。

改革家型

这是一种实干型的管理者，他们对公司内部的问题非常敏感，喜欢发动改革来解决问题。为了实现自己的目标，他们不惜与别人结盟或者交恶，以获取支持，消除阻碍他们的因子。他们一般观点鲜明，个性很强，不过有时候会稍显激进。

管家婆型

这种类型的管理者就像是管家婆一样，他们总是勤勤恳恳，把主要精力放在公司规章、制度的建立与完善上，对日常工作的把握很好，但是影响力稍显不足。一般说来，稳重有余，但创新不足，受下属爱戴，但有时显得过于保守。

交际型

这种类型的管理者把大部分时间用于构建人际关系网络上。喜欢请上下级和客户吃饭，陪上级打高尔夫球，与下属之间关系密切。他们通过构建人际关系网络来建立自己的领导地位。身边总是有一大堆的朋友，有应付不完的饭局，让人感觉他是一个神通广大的人。

消防队员型

他们是喜欢"出风头"的人，总是喜欢出现在最关键的场合，喜欢"急人之急"来获得别人的认同，但有时候对小事不屑一顾，让人感觉不够务实。

调停型

以平衡各种冲突为目标，对下属们的冲突最为敏感，一旦工作中出现问题，就是他们大显身手的时候了。喜欢平衡各方面的利益，使每一方都满意，他们自己也感觉得很满足。但有时候稍显圆滑，让人感觉缺乏一种真实感。

专家型

大都由技术人员升迁而来，本人是技术专家，只对技术问题感兴趣，人际关系的处理能力不是很强，有时显得过于呆板。虽然可能很能干，受到别人的喜欢，但又可能因为不会处理人际关系而受到排挤。

观望型

这一类型的领导者只想着在当前的位置上暂时呆一段时间，他们对工作毫不关心，只想敷衍了事。在有更好的机会时，就会跳槽。

每一种类型的管理者，都有其特点和不足，我们应该扬长避短，这样才能够在下属面前树立权威，成为最成功的管理者。注重性格、人格魅力等各方面的培养，会让你的工作事半功倍。

第7章

为你的客户催眠

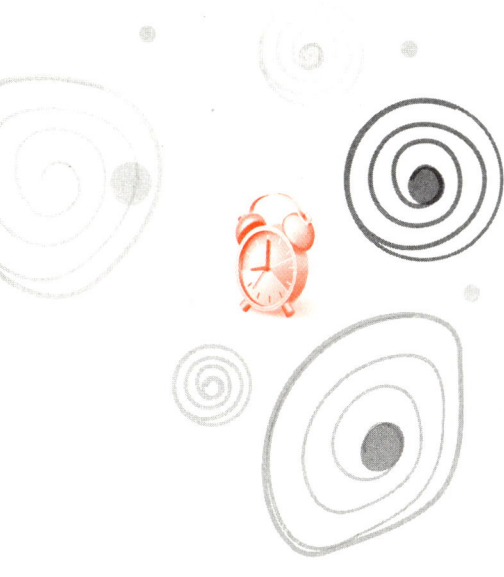

- 01 销售=催眠
- 02 发现客户的需求
- 03 让客户喜欢上你
- 04 始终让客户"记住"你
- 05 克服社交恐惧症
- 06 不要害怕被拒绝

01
销售=催眠

毫无疑问，催眠对销售也有着很大的帮助。

人们常说，销售是一种心理战，是你与客户之间的"心理博弈"。成功的销售员，就要能够抓住对方的心理，引导对方进入到"听话"的状态，这时催眠就很容易会成功。

很多优秀的销售人员都擅于使用各种"准催眠"的手段，比如语言、动作、笑容、心理暗示、潜意识引导等，让客户深深地"喜欢上"他们，这时，再想销售什么，当然都不是难事了。

生活中我们总是在不断地被一些心理暗示所影响。比如有人对你说，"南京街的烧串王很好吃，有海鲜味，有麻辣味，价格还便宜。"听到这里，你可能口水就要流出来了，这对你就是一个强大的心理暗示，以后，当你一想到南京街，就会流口水，就会不自觉地想起烧串王。

看，是不是很奇妙？这就是一个催眠的现象，生活中我们也要用类似的办法，去影响和引导别人，才能够达到销售的目的。

当然，这里所说的不是要把坏的产品推销给别人，而是要用好的方法，把好的产品推荐给别人。

想想在生活中，是不是会遇到以下这些情况：

（1）找不到自己的客户。

（2）找到客户时，不知道该如何开口。

（3）开口时也不知道该说什么。

（4）面对客户的提问心情烦乱。

（5）与客户在一起很紧张，不知道怎么与他们相处，不知道如何让他们喜欢上你。

（6）不知道怎样才能够与客户建立持久的合作关系。

……

如果你也存在这些问题，那么请尝试一下催眠方法吧，看看它能够给你带来怎样的效果！

只要你与人接触，就得学会催眠，因为它与我们的生活是如此的密切。

你甚至可以把这些"催眠的方式"用在你自己的身上，让别人认识你，赏识你，同样可以让你取得成功。

02 发现客户的需求

如果你不能满足客户的需求，即使再苦口婆心，再锲而不舍，也不能打动客户的心。有一位销售心理学家说过："销售就是发现客户的需求，然后把符合他需要的产品卖给他。"

这句话是非常有道理的。

吉拉德是美国著名的汽车设计家。不过他并不是刚开始设计汽车就受到大家的认可。有一次，他带着一款新设计的汽车来到车展上，这款车无论从样式、性能到节油指标，可以说都是一流的。许多人都围着这款集高科技于一身的汽车赞叹不已，还有不少记者专门来采访他。吉拉德心里也乐开了花："这次我一定能够得到数目可观的订单！"

然而三天过去，他却一份订单也没有得到，他焦急地守在汽车旁，等着客户出现。然而却没有一个人表示出购买的意愿。

后来，他实在忍不住了，就拉住一个路过的年轻小姐，问："你看，这部车的样子多漂亮啊，你不感兴趣吗？"小姐看了看，回答："确实很独特，但我需要的是一部符合我个性的车，这部车的样子不是我的风格。"

他不甘心，又拉住一位中年人："这部车的性能这么好，为什么不订一部呢？"中年人想了许久，回答："性能的确优异，但我需要的是一部简单的车，它高出我的要求太多了。"

就这样，三天的展会结束了，吉拉德虽然百般努力，却仍然是一无所获。

不过，有了这次的经历，吉拉德也明白了：如果不抓住客户的需求，就算自己的东西再好，也不能让客户认可！

那么，在销售过程中，怎样才能抓住客户的需求呢？

充分地了解客户的背景

如果可能的话，要充分了解客户的姓名、年龄、住址、电话、性格、家庭情况、经历、社会关系，等等。从这些信息中，你就可以对他们的兴趣、爱好、需求做一个大致的判断，这样，你就知道他们需要什么，再与他们交流，当然就很容易成功。

根据客户的外表做初步的判断

谁都明白这样一个道理：不能把一个老年人的用品卖给一个婴儿，不能把女士的用品卖给小伙子。从客户的年龄和性别可以对他们的要求做一个初步的判断，比如从衣着和气质可以大致看出这个人的阶层；从他们开口说话就知道此人受过的教育如何；从他们的行为能够知道他们的修养、个人品味等。如果能想到更多办法的话，总能够猜测出这个人的的性格、爱好等心理特征。

与客户聊天

聊天是最好的沟通方式，有机会的话，多和客户聊天吧。不要在意聊天过程中是否会言语失控，让客户对你产生怀疑，其实只要你开口，就能体现你的真诚，客户就会喜欢你。更重要的是，在聊天的过程中，客户会把自己的想法一一的说出来，让你收获甚大。

据说，有一次，曾宪梓的商店里来了一位老人，老人年龄很大了，耳朵有些背，口齿又不太清楚，说了半天也没说清楚自己到底想要什么。这时曾宪梓并没有失去耐心，看着老人焦急的表情，他急忙拿来一张纸，让老人把自己的要求写在上面，等老人写完了，曾宪梓这才明白他是急需一种特殊的药，可是曾宪梓开的是商店并不是药店，没有这种药，于是他没有让老人走开，自己亲自跑到药店，把药买了回来。

生活中曾宪梓是很擅于与人沟通的，他常说："要说我有什么销售的诀窍，那就是我总能够了解到客户需要什么，只要你积极了解他们的需求，他们自然就会喜欢你，道理就是这么简单！"

与客户换位思考

如果你不能从客户的角度考虑问题，就很难理解到他们内心的需求。

有一次，有一位年轻销售人员前来请教销售专家贝里·奥格："为什么我的订单总是那么少？"

奥格问："你卖的是什么产品呢？"

年轻人："我卖的是一种背婴儿用的捆绑带，它很方便，可以让母亲们背着孩子走来走去。"

奥格："你想把它卖给谁呢？"

年轻人："我想把它卖给孩子的母亲，但是她们却一点都不感兴趣。"

奥格："这些母亲都是做什么的？"

年轻人："她们是职业妇女。"

奥格："如果你是一位职业妇女，你还会有时间背着自己的孩子走来走去吗？"

如果只是凭自己的判断，难免会犯"强加于人"的错误。换位思考就是这样一种好的销售办法，通过它，你可以知道客户心里所想的，当然你再做什么，就都容易成功了。

发现客户的潜在需求

销售心理学家把客户的需求分成三种，分别是：

（1）说出来的需求。

（2）潜在的需求。

（3）秘密需求。

让客户告诉你："我需要什么"，这是最直接的、最常见的，也叫直接需求。能够发现客户的这种需求并不难，不过它只能够让你成为一个普通的推销员。

在很多情况下客户并不很清楚自己需要的到底是什么。这时你就要去观察，去发现他们的潜在需求。

有一天，一位女士，来到玩具商店里给她的女儿挑玩具，商店的柜台上有很多玩具，如狗熊、布娃娃、汽车等。但这位女士挑了很久仍不满意，不禁叹了一口气。客户的表情被鲁丝·亨德勒看到了，她不禁问："这么多玩具都不能让您满意吗？"这位女士回答："你知道，其实我的女儿已经有很多玩具了，这次我想送她一个特别的，让她永远记得。"这位夫人失望地走了，但是鲁丝却把客户的话记在心里。她在心里对自己说："有什么样的一款娃娃能够让每一个客户都感到特别呢？"

经过反复的设计，鲁丝·亨德勒于1959年推出"芭比娃娃"，由于"芭比娃娃"漂亮、前卫、时尚，与传统娃娃大不相同，一上市就受到了欢迎。鲁丝·亨德勒也因为自己准确地发现了客户的需求而取得了成功。

仔细观察客户细微的动作和表情

他如果愿意和你交谈，认真的听你说话，这表明他对你的产品有兴趣。这时你要把握机会，争取一下让他记住你。

他不断地研究产品，问这问那。这说明他想对产品有更进一步的了解，目前可能心里还有一定的疑虑，不敢行动。这时你要耐心地介绍，用热情的回答来打消他的疑虑，增强他对产品的信心。

他想了解产品及公司更多的情况，包括公司背景、产品价格以及售后的服务等，这都表明他对你的产品有了强烈的购买愿望。这时一定要冷静，因为他还可能会提出很多问题来刁难你，比如价格太高、颜色太深、包装不好……这时你不要失去耐心，要一一应答，打消他的疑虑后，他一定会购买你的产品的。

相信有了这些办法，你一定能够深深地了解客户，把你的销售业绩提高上去。

03 让客户喜欢上你

著名销售心理专家杰克·纳德尔说过:"所有的交易都是通过人来完成的。"无论你的前期工作做得多好,最后还得与客户面对面的坐在一起才行。所以,让客户能够"喜欢"上你,就显得很重要。

纳德尔在自己的销售生涯中曾经遇到过这样一种情况:有一次,一位客户想购买一种热水器,他是这种产品在当地的唯一代理商,如果客户不从他那里买,就买不到。不过,客户来看了商品,对样式很不满,希望能够为她再进一次货。但纳德尔认为这样做太麻烦,所以没有放在心上。而且他觉得客户没有其他地方可以去,一定会来买的。但是没想到客户并没有再来,而是跑到很远的地方把商品买回来了。

这件事给纳德尔一个很深刻的教训。他意识到:客户不一定总是接纳你的,如果想让自己的销售成功,就必须让客户"喜欢"你。他努力改进这一点,从与客户的沟通态度到日常感情联络等多方面去改变,终于取得了成功。

销售心理学家发现：顾客往往会选择从他们喜欢的人那里购买东西。两个身材、外表差不多的销售人员，哪一个更热情、大方，更能激起客户的好感，客户就更会喜欢他，更愿意买他的东西，另外一个，则常常被抛在一边。

所以，成为一个成功的销售人员的办法只有一个，那就是：让客户喜欢你！

那么，怎样才能让客户喜欢上你呢？

创造感觉

催眠的原理就是制造一些恍惚的印象，把一个人的本能给激发出来，然后就会让这个人变得特别投入。比如有的老师讲课讲得很好，他们能把一个故事讲得活灵活现，好像他讲的人与事，就在你身边发生一样，人物的表情、动作乃至一言一行，都能清晰地描述出来。这样你就会受到影响，久久不能忘记。

有时候我们也需要用这种办法去影响客户。

有一位推销员想向客户推销一种凉茶，可是说了半天，客户也没能理解他想介绍的产品到底是什么味道的。后来推销员想了一个办法，他对客户说："你想一下，如果在三九天里，给你一杯冰水是什么感觉？——那就是我们的产品！"客户恍然大悟，一下就明白了他的意思。

我的一位学员，是一位销售人员，他向客户推销他的减肥产品时这样说："你瞧，当你今晚躺在床上，会想到自己全身的脂肪都在燃烧，那种消瘦的感觉是多么的轻松和痛快！"结果，他的客户对这种产品都念念不忘。

这就是我们所说的用创造感觉的办法去调动客户，让他们产生一种强烈的印象，然后他们就会对你着迷！

挖掘与客户的共同兴趣

一定要学会培养与客户的共同兴趣。比如有的人喜欢钓鱼，有的人喜欢打高尔夫，有的则喜欢饮茶……只要注意观察，总能够找到与客户共同喜欢做的事情，然后，从这里入手吧。

据说，有一位销售员，遇到一位难以相处的客户，最后还是通过发掘他的爱好与他建立了亲密关系，具体是怎么做的呢？原来，那位客户有一个很特殊的爱好，就是收集烟壶。他因此买了两个很别致的烟壶送给了客户，就这样，他们从此成为无话不谈的好朋友了。

人与人之间都会有些共同点，比如相同的购物习惯，相似的家庭情况，甚至是个子的高矮，都可以让你找到话题。只要你发挥想象力，总能找到与客户之间的相似点，让客户对你产生亲切感，拉近彼此的距离。

注意交谈的方式与技巧

①见到客户之后要有礼貌，大方自如地做自我介绍，态度要温和、不卑不亢。认真听取对方的讲话，询问对方时，口气要平和。

②表达自己时要有信心，态度要真诚，争取对方的好感。

③ 在谈话中，要始终面带微笑，表达你内心的暖意。

④ 说话要简洁大方，吐字清楚。

⑤ 注意对方的优点，适当地给予赞美。

⑥ 在交流的过程中如果有不同意见，一定要委婉表达，不要与客户激烈争论。

⑦ 要在最短的时间内把你的热情传递给客户，让他对你一下就产生强烈的亲近感。

⑧ 及时解释客户的各种疑难问题，表达你对他们的关心。

⑨ 注意观察对方的感受，不触怒对方。

不要与客户争吵

不管发生什么事,都不要与客户争吵。也许会面临这种情况,你做了很多努力,客户仍然无动于衷。这时也不要着急,事实上,被人拒绝是常有的事。保持一份好心情,或许就会时来运转。

一位电话调查员,每天都要面对许多不友好的客户,有时接通电话后,没说上几句就被挂断了,有些不耐烦的客户还冲她直嚷:"永远不要打搅我!"尽管如此,她还是不得不把心情调整好,去打下一个电话。有一位重要的客户,总是拒绝她,她都有点灰心了。不过,每次给这个客户打电话的时候,她还是尽量打起精神。有一次,她又给他打电话,没想到他的态度突然就转变了。原来,屡次的拜访终于让客户感动了。他不但很配合她的调查,还慢慢和她成为了好朋友。

如果你能够巧妙化解这种敌意的话,自然就能够抓住客户的心。

此外,还要注意,与客户打交道时要坦率、真诚,把你的最大的诚意展现给他们,他们自然就会喜欢你。

总之,要想销售成功,就把客户当成你的催眠对象吧,想尽一切办法去影响他。不管一开始他是怎么发脾气,都要保持信心,只要你找对了方法,就一定能够把他催眠,让他成为你的好朋友。

04 始终让客户"记住"你

为了能够让客户对你忠诚,一定要想办法与客户建立亲密关系,让他们"永远"记住你。

一位女保险推销员在给一位客户打电话时得知,客户的女儿在学校不小心被开水烫伤了,不巧的是他和他的爱人此时都在国外出差,他们的女儿只能靠年迈的老母亲照料。得知这种情况之后,她立刻询问了解孩子被送进的是哪家医院,随后在最短的时间里赶到了那家医院。等到了那家医院,她发现孩子的脚被烫得很严重。看到年迈的老母亲力不从心的样子,她主动提出由她来照顾孩子,并且告诉老人:"我也有一个同样大的女儿,我会把她照顾好的。"

就这样,在她的照料下,孩子康复得很快。她甚至还为孩子补了课,让孩子在养伤期间追上了落下的功课。等到孩子的父母从国外回来以后,他们十分感激,不仅主动购买了一些家庭保险,还为她介绍了许多新的业务。

据一位销售心理学家调查:80%的销售业务都不是在第一次交易中展开的,而是在跟进的销售中完成的。实际上,客户一般都是通过小额的交易来尝试，如果这样的举动能建立信任感，他们才会增加与你的交易量。这就意味着，如果你一开始就缺乏对客户的关怀，可能连尝试的机会都没有。

那么，该怎样与客户建立持久的关系呢？不妨从下面这些角度入手吧。

你是与他们在一起的

生活中每一天都要找机会与客户接触。每逢节假日，我们都会习惯性地向亲朋好友发去祝福的短信和邮件，这时，不要忘记向你的客户也问候一下。你可能会怀疑：这样一条小小的信息或者邮件，能够起到那么大的作用吗？其实不然，长久的信任正是通过日常的点滴小事积累起来的，虽然只是一条短信，但是却可以给客户留下一个好印象。积累起来，就可能会带来一次很大的收获。如果你平时不注意去做这些小事，等到想与客户建立亲密关系时，会发现就不容易了。

定期去拜访你的客户

应该定期地拜访你的客户，以及定期地给他们打电话。当然，给他们打电话或者登门拜访的时候不要"无事不登三宝殿"，要把你们的会谈、会面充实起来。这就可以发挥你的想象力了，从日常生活、天气到穿衣打扮，你能想到的都可以谈，只要能够把你们的关系调动起来即可。实际上在心理咨询中，咨询师也会经常与来访者谈一些无关的话题，一方面可以缓和气氛；另一方面也可以从这样的谈话中发掘出他内心的秘密。所以，不要迟疑，去拜访客户吧，即使他们很忙，没有时间和你多说话，你也不要放弃这样去做，因为你的拜访仍会在他的潜意识里留下一些影响，让他们在不知不觉中把你记住。

一起参加娱乐活动

与客户建立关系的另一种办法是与他们一起娱乐，比如聚会、舞会、K歌等。娱乐是一种放松方式，在这样的场合，客户会自然地放下架子与你亲近。很多销售高手都提出，他们真正的业绩几乎都是在谈判桌和办公室之外完成的。在这样的场合里，客户会把你当成一个"知心的朋友"，与你无话不谈，当然，你再对他们提出什么要求，他们也不好拒绝了。

随时让客户感受到你的好意

某花店经理接到一位顾客的电话，说她订购的二十支玫瑰送到的时候已经延迟了一个半小时，而且花已经不那么鲜艳了。第二天，这位顾客接到了一封信：

"亲爱的女士：

感谢您告知我们的服务并没有到位，我们为此特意为您开出了一张支票，用于补偿这次由于我们的失误给您带来的不便。我们会严防此类事情再次发生。"

有了这样聪明的表达，你与客户之间的关系自然紧密联系起来。

培养你的亲和力

一些销售学心理专家指出，"亲和力是一种与别人交往的能力，它往往能够在与客户交往时发挥重要作用。"许多人都不知道如何与客户相处，往往就是因为他们不了解亲和力的重要性。

经常听到一些客户反映："那位推销员虽然表现得十分敬业，但是总觉得和他之间有很大的距离，不太容易亲近……"或者"我之所以一直喜欢到这里买东西，是因为这里的销售人员让我感觉很舒服，虽然他们说的话不多……"

亲和力在与客户相处的过程中十分重要。它会让你轻而易举的突破一个人的防线,顺利地与客户接近。

帮助客户解决问题

不管是在生活中,还是在事业上,客户都有可能会面临一些难题,这时,不妨尽力帮他们解决困难吧。在患难中结下的友谊会更经得起考验,客户会热情地回报你曾经给予他们的帮助。

必须注意这样一点,感情总是在小事中培养起来的,这就如同催眠一样。在小事中就做好与客户的沟通交流,这样,友好的关系一经建立,就会持久、稳固,不会再轻易改变。

05 克服社交恐惧症

催眠可以帮助你克服销售时的恐惧情绪。

一位心理学家曾经做过一个调查,他问那些已经开始做销售工作的人:"你们在销售过程中遇到的阻碍是什么?"

调查的结果很让人吃惊,绝大多数人都是这样回答的:"当面对客户、尤其是陌生的客户时,我会感觉不知所措,不知道怎么与他们打交道,甚至会很害怕,这使我不能清晰地思考。"

所以,如何克服自己的畏难心理,已经成为摆在许多人面前的一个难题,如果不能摆脱它,你可能就很难成功。

一名销售人员,入行已久,但仍未找到销售的感觉。对于他来说,每当遇到客户,就感到面红耳赤,不知道怎样开口;好不容易开口说话了,又结结巴巴,词不达意。这已经成了他的一大难题。

谁都想泰然自若,用自己出色的表现征服客户,但是,与此相反的是,当你鼓起勇气,走到客户面前时,刚才想好的话,可能一下子都忘到脑子后面去了。

那么,怎样才能够克服社交恐惧症呢?

敢于对自己说"不"

你本来已经做了充足的准备，可是来到客户的门前，想了很久也不知道该从何说起，犹豫了很久，还是决定："唉，算了，被人拒绝岂不是很丢人？还是去回去吧。"可是这样回去，下一次，又会面临同样的问题。这样下去，如何是好？你的能力可能永远也提升不上来。

这时，与其自己在那里反复揣测，还不如拿出一些勇气，敢于否定自己，告诉自己说："千万不能这样，一定要坚持下去！"大方地走到对方面前，不管他对你是什么态度，露出一个甜美的微笑，然后对他说："你好，很高兴认识你！"接下来就是一段简短的自我介绍，我相信，即使是失败了，你也会从这个过程中有所收获的。

就算他并不喜欢你，但面对这样一个甜美的微笑，我想他也会有所感动。有了这样的一个进步，你还会那么害怕吗？克服自己的畏难情绪，让你自己大方地展现在别人的面前，慢慢地你就会感染别人，取得成功。

如果确实感到难以克服那种距离感，那么我可以告诉你一个好办法，当你在见客户最后几秒里，想一个你觉得最好笑的笑话，笑出声来，然后再去做吧，你会缓节不少压力。

记住这一点，走出第一步，然后你就是最棒的！

不要害怕与陌生人接触

如果你感到自己很胆怯、很害羞、不敢和别人相处，那么，我告诉你一个办法，多和陌生人相处吧。心理学家给那些胆小害羞的人最好的建议就是让他们与陌生人相处。

我有一位学员，因为性格太过内向，不敢和别人来往，整天都提不起精神来，他说："我这辈子可能就这样了，无论如何也不能改变了。"后来我告诉他："你不是害怕吗？那么请你现在跑到大街上，对每一个遇到的人都喊一句'我是一个很害羞的人'，然后你再看看效果怎么样。"

他一开始还不想去，但是在我的强烈的要求下，他还是去了。

不久之后他就跑回来见我，说："真奇怪，一开始我还不敢喊，可是等我喊出来，才发现害羞真的没什么，然后我就一点都没有以前那种紧张焦虑的感觉了！"

其实与人相处真的没什么可怕的，关键在于你要大胆。

可以多参加一些聚会活动，在那里会有大量的机会展示你自己。把你当成一个"风云"人物，好像一个明星一样，与每一个人交谈，然后你就会有所改变。千万不要只是躲在角落里不敢张口，成为被遗忘者。如果你不去积极主动地争取，那么机会就会走开，而你也会一如既往的孤独无助。

让自己更有条理性一些

如果你确实感到紧张，不知道该如何表达，那么请把自己的语言组织一下。想想第一步说什么，第二步介绍什么，第三步谈什么，有了这样的"一、二、三"，还会像刚才那样紧张吗？围绕着你的目的，先说什么，后说什么，依次展开，重要的地方多说一些，不重要的地方少说一些，这样，"大脑一片空白的情况"会减少许多。如果再加上即兴发挥，你也许就会成为一个不错的推销者。

为了能够流畅自如地表达自己的观点，你还可以提前做好充分的准备，把产品的要点、性能、能够吸引客户的产品特点准备好，然后在头脑中预演。可以把与客户谈话的每一个细节都提前表达出来。有了这样的准备，再面对客户时就不会那么紧张了。因为大部分可能发生的事件已经在你的意料之中，你只要按照提前准备的那样，把它们列出来就可以了。

不要害怕出丑

如果在客户面前出丑怎么办？

如果真有这样的担心，那么可以告诉你，不用理它，它自然就会过去。

据说著名作家萧伯纳在没成名之前，曾经是一个很普通的人。有一次，他被邀请参加一个宴会，在宴会上，主持人听说他是新来的客人，就一定要他上台为大家讲几句。可是，他此前几乎未曾做过演讲，当他被众人推到演讲台前，面对着台下的人群，他脑海中的词句仿佛全都长着翅膀飞走了。大家都望着他，他却只能摇头，什么都说不出来。就这样，他在众人面前出了丑。不过从那天开始，他就决定改变自己这种"在众人面前就大脑空白"的情况。不断地与别人交往，想尽办法与人愉快地交谈，让别人接纳自己。渐渐地，他成为了明星演讲家，开始接受邀请，前往各地演讲。他开始享受演讲的那种欣喜与快乐，最终还成为了一名出色的作家。

抓住中心主题

也许你很害怕与客户进行长久的交流，不知道在两人独处的时候该说些什么才好，这时，只要把握你的中心主题就行了。时刻不忘你的目标，提醒自己："我此行的目的是什么？"这样，你就可以总是把话题引到关键的位置上，再也不会离题万里了。

去感染你的客户

尽量去感染你的客户，用你的情绪去调动他，如果客户与你有共振，你的表达能力也会变得越来越好，客户也会打起精神，对你的话题产生兴趣。要用表情、语言、动作等各种办法吸引客户，让他们注意你，把他们的兴趣充分地调动起来，然后你就会发现与他们交往是一件很容易的事。

最后，记住心理学家詹姆斯说过的一句话："如果你想实现某个目标，那么在心里怀有这个愿望，就自然会形成。"与客户的交往也是如此；只要自信大方，热情自然，客户会慢慢被你改变，你就可以成为一个谈笑自如，大方得体的销售员。

06 不要害怕被拒绝

王先生是一家饮品公司的销售员,为了把本公司生产的饮料推销到本市的一家大饭店,他费尽了周折。可是无论他怎样与那家饭店的经理协商,饭店经理都不想购买他的饮料,这种情形一直持续了两年,搞得他很郁闷。

一个偶然的机会,王先生得知那位饭店经理是本市的"钓鱼协会"的成员,一个痴迷的垂钓者。了解到这个情况以后,他再一次来到饭店经理的办公室,从一踏进办公室的门口他就把话题引入到有关"钓鱼协会"上,并且诚恳地向他请教有关钓鱼方面的知识。也许是被这个话题打动了,饭店经理一扫以往不关心的态度,热情地予以了回答。两年来第一次,两人热情地聊了起来。几天之后,那位饭店采购部负责人突然主动打电话给他,告诉他一个令人振奋的好消息:"我们经理指名要你们的饮料。"

全美推销冠军霍普金斯曾经这样激励人们:"成功者绝不放弃任何一个客户,因为没有攻不下的客户,只有选择放弃的销售员。"一旦明确了目标,就要用到一切可以利用的机会与客户保持良好的沟通。即使他们暂时没有需求，对你的付出他们也会有印象。

一次或几次的拒绝并不意味着什么，关键在于怎样从这样的失利阴影中走出来。一旦有了明确的目标，就要坚持努力，因为问题和困难总是会随着你的努力而解决的。

那么，面对客户拒绝的时候，我们应该怎样做呢？

学会假装"没听到"

有主动地上门推销，就免不了遭到拒绝，这是自然规律。既然有心从事这一行业，就把被拒绝看成是一件正常的事情吧。我以前曾遇到过一位销售专家，他对我说："其实你应该把这种拒绝当成是一种'角力'的过程，当你向客户推销的同时，客户其实也在向你推销，但他向你推销的是'不要'，你只要把这种'不要'再给拒绝了就行了。"这里所说的"角力"，可不是蛮力，更多的是指勇气和智慧。

冷静的处理客户的拒绝

客户的拒绝，原因无外乎以下几种：

客户还没有与你建立信任。比如举止不当、缺乏诚恳的态度，形象有失妥当，沟通不畅等。这时就应该想办法改进一下，比如更有诚意一些，更尊重一些，表达方式恰当一些等。沟通得越好，当然成功的机会也就越大。

不要太夸张。如果你的话"夸张"的成分比较多，客户就可能有疑心，因为他们对你的每一句话都会抱着审视的态度，正确的做法是不乏赞美之词，但不要过度。

客户可能没有领会你的意图。有时可能因为你的表达不够顺畅，客户没有完全理解你的意图，这时要注意用简洁、容易理解的方式把你的意图表达出来，让客户能在第一时间对你的产品有好的印象。

客户心情不好。不少推销人员莫名妙地被客户拒绝了，但实际上客户拒绝他，是因为自己心情也不好，比如客户可能刚被上司批评了一顿，或者刚在家里吵了架等。这时，不要灰心，等到他们心情好时再来。平时对客户要注意观察，发现他们情绪不对就及时避开，改天再来。

巧妙地转移话题

对于客户的批评甚至是拒绝，不要急，实际上，如果你能够容忍一下客户的小脾气，他们反而能够更加接纳你。对于客户的不理智行为要宽宏大量，耐心地解答，即使这一次你没能成功，但下一次却有可能转变。适时地认同客户的观点，如果实在无法沟通，下一次再来。具体可以借鉴下面几种办法。

间接否定法：先肯定对方的意见，然后陈述自己的观点。

询问法：使用询问法是为了打探出客户拒绝的真正理由。

举例法：以实例打动客户，去除疑惑点。

转移法：转移注意力，让客户发笑，以吸引客户。

实际上，拒绝并不只是代表一次失败的销售，从客户的拒绝里，你还可以得到很多信息，比如他们最近的生活情况，他们兴趣、爱好等。有了这些，调整策略，下一次你再推销，当然也就有可能成功了。

所以，拒绝并不一定是坏事。把客户当成是你的坏脾气的朋友吧，用理智的办法去面对他们，引导他们，让他们渐入佳境，然后他们就会成为你的好朋友，你的销售也就能够取得成功。

第8章
让宝贝听你的话

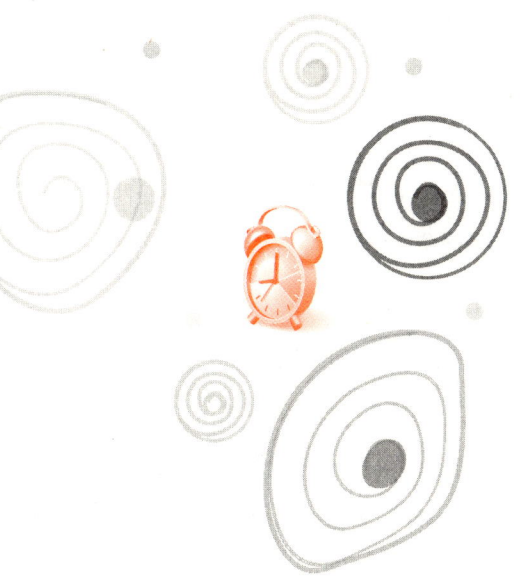

- 01 管教孩子,用催眠术更有效
- 02 家庭气氛＝催眠舞台
- 03 走进孩子的内心世界
- 04 在无形之中影响孩子
- 05 他快乐所以你快乐

01

管教孩子，用催眠术更有效

一看到这个标题，有的人可能就急了："怎么，对大人能够催眠，难道对小孩子我们也能指挥来指挥去，要他们做什么就做什么吗？"其实，对小孩子进行催眠，并不是说要把他们变得像玩偶一样由我们随意指挥，而是要用催眠的方法进入到他们的内心世界，让他们变得更听话，更愿意接受我们的管理和引导。

因为很多小孩子好奇心比较强，个性也很突出，你说什么他们都不信，甚至会比较固执任性，专门和你对着干。这时，用通常的方法就很难管教他们，这也是目前很多家长头痛的事。但如果用催眠的方法，进入到他们的内心世界，往往可以很好地改变他们。当然，这种催眠，与舞台上的那种催眠是完全不同的，而是说要在生活中，用潜移默化的方法去影响孩子，这样才能够取得比较好的效果。

有一位父亲给我讲了这样一个故事。他六岁的孩子突然有一天拿出画本和彩笔，高兴地对着他嚷：

"爸爸！我要画黄牛。"（这是因为他们刚从老家回来，看到了黄牛。）

然后他一边在纸上乱涂，一边自言自语："这是牛的角，这是牛的眼睛，这是牛的胡子。"

父亲听到牛还有胡子，觉得很荒唐，就纠正他："牛是没有胡子的。"

"有的！"

"你说有就有啊？牛明明是没有胡子的。"

"牛明明是有胡子的嘛！"

父亲不耐烦了，生气地对孩子说："牛没胡子的，不能这样画！"

看到父亲严肃起来，孩子虽然有些不高兴，但还是答应了父亲。

然后父亲就有事离开了。

等到父亲回来想看这幅画的时候，怎么也没找到。本以为孩子觉得画得不好，自己撕了。可是过了许久，却偶然在孩子的书桌下面看到了这幅画。画被压在几本书的下面，打开一看，黄牛还是被画上了胡子，长长的两撇，在嘴巴的两边。

这件事让父亲很伤心，他不明白孩子为什么会这样，总是要反着他的意思去做呢？

不仅如此，父亲早就发现孩子渐渐的做出许多不愿意听从他的举动。比如他自作主张，偷偷地跑出去和别人玩。比如有时当面一套，背后一套，虽然表面上答应得很好，但是自己却另有想法，或者干脆就不听父亲的，对一些要求直接拒绝。虽然在多数情况下，孩子还是默认了父亲的看法，但是，总能够感到他的不满。面对这样的孩子，父亲很难过，不知道该怎么办。

其实，面对孩子，一味地说教往往不起作用，可是不管孩子，更是不行，总不能任由他们这样吧。这时，我们不妨试一下"催眠"的方法。

当然，这里所说的催眠，并不是说要把孩子弄得像睡着一样，然后再指挥他们做什么，**而是要在平时，用无声的语言，在不知不觉之中影响孩子，让他们发生改变。**

比如对于前面那位父亲，我告诉他："你不要对孩子大喊大叫，有事多商量，保持和颜悦色，在平时生活的细节中去暗示他，影响他，看看效果会怎样。"他听了我的劝导，不再对孩子大吼大叫，每到自己想发脾气时，就提醒一下自己："要注意用温和的方式与孩子沟通。"渐渐家长说话的语气、态度都改变了很多，接下来，孩子果然受到了影响，也改变了很多。

其实无论大人还是小孩都是一样的，对他们大吼大叫，往往起不到作用，然而在无形之中，用各种无声的语言去影响他们，反而会达到目的。

再说说胎教，很多人都对胎教缺乏了解：每天对还没出生的孩子嘟囔几句，孩子出生了以后，就能变得更聪明，这可能吗？其实孩子虽然没出生，但是他们的感觉器官已经开始发育了。即使他们的身体还没成长起来，他们也能够接收到我们的信息。我们的一言一行，会进入到他们的潜意识当中，对他们产生影响。有的父母喜欢隔着母亲的身体抚摸孩子，孩子其实是完全可以感觉到的，这是一种心灵的沟通，是孩子的幸福，也是一家人的快乐。

平时不要随意地斥责孩子，而是要和颜悦色地和他们说话。还要多关心孩子，否则他们就会与我们越来越疏远。多关注孩子，让他们感到家庭的温暖。还要注重家庭环境的构建，让孩子感到家长是关心他们的，是喜欢他们的，这样他们才能真正地成长起来。家长说的话,孩子才会听。

这其中很多都是催眠的方式,只不过你可能还没有完全意识到。所以,当你发现管教孩子很难时,不妨试试催眠术吧。用催眠的方式表达出家长的爱心,影响孩子,孩子就会与你融为一体,你的家庭就会更幸福。

02

家庭气氛＝催眠舞台

家庭环境对于一个人的成长很重要，这就和舞台催眠的气氛是一样的，如果催眠舞台的气氛营造得很成功，那么我们往往很容易把一个人催眠。如果气氛营造得很差，那么无论你怎样着急，别人也可能是无动于衷。同理，在家庭之中要多营造温馨的气氛，这样一来，孩子就会受到你们的影响，变得乖巧起来。

我的一个朋友，是一位中学教师，教学能力很强，是学校公认的教课能手。他擅于启发学生，培养了许多尖子学生，在各种竞赛中拿到许多奖项。他本来有一个很幸福的家庭。但是最近他的孩子正上初三，快中考了，却时常逃课，晚上放了学不回家，跑到网吧里玩游戏，还结交了一些在社会上游荡的朋友，经常惹事生非。他想管孩子，可是孩子根本不听他的，说多了孩子就烦，或者干脆躲出去。他让妻子管，结果是一样的。每天晚上，两个人都得到附近的网吧到处去找孩子，经常是半夜才能回家。

孩子的这种情况让他们觉得很失望，他们为孩子付出了很多，结果孩子变成这个样子，该怎么办呢？

可是，为什么孩子会变成这样呢？如果我们只看表面上这一点，很容易以为都是孩子的问题，其实不然。了解他的人都知道，多年以来，他和妻子的关系一直不好，虽然没有到离婚的程度，但是两个人总是口角不断，把家里的气氛弄得很紧张。家里没温暖，孩子没事就跑出去了，放学也不回来。终于闹出了这样的事情。

可见，家庭的气氛对一个人的成长很重要，许多人觉得夫妻之间的感情对孩子没什么影响，其实不然，孩子虽然小，但是观察能力很强，对于父母之间的风吹草动都能够感受得到。

有一位女士跟我说：在她的孩子小的时候，有一段时间，她因为一些工作上的一些事情很不顺心，总想对人发脾气。对家人，对孩子特别凶。结果不久，学校老师就找到她说："你的孩子在幼儿园总是跟别的孩子闹，别人搭积木，他过去就给碰倒，说搭得不好，让他们重搭；别人玩模型，他过去一看，说做得不像，把做好的模型给推倒。一问他为什么要这样做，他说，这是我妈让的。"

她当然没有这样教他，只不过平时自己在家里习惯性发脾气，孩子受了委屈，到学校里也这样了。

所以，一定要从自己出发，去改变家庭氛围。

具体说来，有以下几种方法：

要学会协商着解决问题

很多父母，一发现有什么问题了，不是冲着问题去的，而是指责对方，批评孩子，甚至搞人身攻击。结果，孩子看到了，他在生活中遇到问题时，也会用同样的方式去解决。

家庭成员之间要多谅解

一家人生活在一起，磕磕绊绊是在所难免的，如果不能谅解对方，对每一个小问题都揪住不放，这些问题就会变大。

避免不必要的矛盾

人就怕吵闹和情绪的失控。一旦情绪闹起来了，话说得过分，事情做得不得体，再想挽回就很难。所以，一旦我们发觉自己的脾气失控，一定要提醒自己："平静下来，不再去想那些没用的事。"如果不能控制自己的情绪，不是哭，就是闹，只能让家里变得暗无天日，孩子的情绪也跟着我们一样大起大落，不知道做什么才好了。

平时减少家庭矛盾，改变家庭的气氛。用潜移默化的催眠方式引导孩子，帮助孩子。在这样的家庭里生活，每一个人都会感到其乐融融的，当然也就不会有那么多麻烦事了。

03 走进孩子的内心世界

心理学当中很强调一种"无条件地关注与接纳",这样才能有利于修复病人的问题。因为很多人的内心其实都是很孤僻的,只有我们对他们予以全部的关注与理解,他们才能够信任我们,与我们建立良好的关系。

在舞台催眠表演当中,我们常常看到催眠师要倾注很大的精力,才能够让一个人进入到深度催眠状态,道理是一样的。

对于孩子也是如此。心理学家杜威说过:"每一个人都有一种希望被关注的本能,我们越是关注一个人,他们对我们的回馈也就越多"。如果不关注孩子,不了解孩子,我们再说什么,他们都不会听了。

有一位父亲给我讲过这样一个故事。有一次他和孩子一起玩跳棋,可是,玩了一会儿,他突然想起来自己还有别的事,不想玩了,于是就对孩子说:"我现在有事,回头再玩吧。"可是孩子正玩在兴头上,哪肯让父亲走呢?说什么也不同意。父亲正要急着离开,一看到孩子这样,生气了,大怒,狠狠的责备了他:"你怎么这么不懂事？"其实孩子还小，哪能懂得大人的事？父亲这样的做法，让孩子觉得很难过，从那以后，他再也不想和父亲一起玩了。父亲这才意识到了自己的问题，还是在给孩子道了歉，又陪他玩了好几次之后，孩子才与他重归于好。

孩子的想法往往与我们是不同的，他们所想的事情，往往与我们预想的有很大的差别。这时我们就要学会从他们的内心出发，先顺着他们，按着他们的意思去"做"，等到孩子理解我们时，再表达出我们的想法，这样我们的管理才能够成功。

在催眠过程中也是如此，心理咨询师往往要花很长的时间听一个人诉说，虽然明知道他们说的可能并没有多大价值，但是这个过程还是很必要的，因为信任正是在这样的过程中建立起来的。如果简单的拒绝和否定孩子，那我们对他们的管教就很难成功。

我在美国做访问的时候，一对美国夫妇的做法就印证了这一点。

那时我住在一对美国夫妇的家里，他们对我很友善，我们之间的关系很融洽。尤其是他们家有3个孩子，大的10岁，小的6岁，都很可爱。

有一次，他们家的女主人海伦过生日，他们一家五口人，加上我，一起去外面的餐馆里吃饭。点菜的时候，服务员过来问我们要什么。这时先生示意，还要稍等一下，原来小儿子汤姆（6岁），跑到洗手间去，到现在还没回来，于是我们就只能坐着等，可是等了很久也不见他回来，大家都很着急，海伦太太正要起身去看他时，汤姆回来了，大家都埋怨他耽误了这么久的时间。海伦太太看到小儿子扭捏的样子，就和蔼地问他："你是不是有什么理由啊？"小汤姆这才解释，原来他在餐厅的一角，看到厨师在红红的炭火上烤牛排，觉得很好奇，就在那看了好一会儿，结果，耽误了很多的时间。得知了这样的原因,大家都原谅了他。

就这样,一件小事化于无形,大家过了一个愉快的晚上。我对先生要等孩子点菜这事有些惊讶,在中国,家长一般不会这么在意一个6岁孩子的意见。而海伦后来包容的态度更让人佩服。如果她又吵又叫,可能把很好的气氛都破坏了,还会让孩子产生心理阴影。

所以,一定要跟着孩子的想法走。很多父母对待孩子都是一种"平时不闻不问,一有问题就是大发雷霆"的教育方式,这是完全不对的。我在报纸上看到一则消息。说一位母亲,平时很少关注孩子,孩子在做什么也不知道,有一次,孩子回来晚了,她没问清原因,就把孩子打了一顿,结果,孩子吓得跑到外面不敢回家了。其实,那一天孩子只是去参加一个好朋友的生日会,回来晚了并不是有意的。想想,这样的事情发生了多么不应该,如果对孩子造成了坏影响又多么不值得!

一定要把孩子的想法当成我们自己的,这样彼此之间就会产生共鸣,有了问题才容易解决。这与心理咨询师解决别人的问题,在原理上是一样的。

当然,平等地对待孩子不等于纵容孩子。尊重孩子的意见,但又要保持我们对他们的影响力,这样我们才能构建一种和谐的关系,使我们的家庭更和睦。

04 在无形之中影响孩子

心理学家做过这样一个实验,他们让一些小孩子聚到一起,然后"漫不经心"地把他们分配成两组,让一组呆在一个放着愉快的音乐、有着各种好玩的玩具的房间里,另外一组则放在一个无聊的、阴暗的房间里。结果,前一组小孩子,无一例外地看上去快乐又兴奋,后面的一组,心情不好不说,还经常会相互吵架。

其实我们人与人之间的影响也是一样的。我们总是会在无形之中受到别人的影响,这就跟催眠一样。所以在生活中,对孩子用同样的方式也是很有效的。

一位母亲给我讲过这样一个故事。有一次他的先生在外出差,她一个人带着孩子在家里,自己又不小心感冒了,身体很不舒服,可是,孩子才六岁,总要吃饭。没办法,只好强迫自己爬起来,没精打采地给孩子做了一顿饭。就这样,可算把这一天熬过去了。第二天,先生还没回来,但是饭还是要做。好在她感到自己好了许多。就在她想准备早餐的时候,孩子却对她说:"妈妈,让我来准备吧。"这让她特别感动。要知道,平时孩子由于长辈的过度宠爱，是很任性的，连自己的手帕都不肯洗。现在，却吵着要帮她做饭了。其实，这都是昨天她抱病起床，孩子在无形之中受到她的影响的缘故。

为了能够让一个人尽快地被催眠，催眠师常常会在不经意之中对他进行各种心理暗示，比如问他："你是不是觉得有些困？""要不你休息一会吧。""你看窗外的景色，是不是很好……"受到这些暗示的影响，病人很快地就会感到昏昏欲睡，进入到一种似睡非睡的状态。

在培养孩子的时候，我们也可以用这些方法。

比如对孩子说：

"你看，人家的孩子多勤劳，多勇敢！"

"张阿姨的孩子又得奖了。"

"我的孩子要是能够这样就好了。"

有了这些暗示，即使不直接说什么，孩子也能明白你是在鼓励他。他们就会更愿意和你在一起，更愿意努力了。

父母对孩子的各方面的影响是很大的。很多父母都觉得，平时没注意孩子怎么样，可是突然之间他们就可能有很大的变化，其实，很多都是因为父母平时不经意之中对孩子言传身教的结果。

我遇到过这样一个家庭，父母因为孩子的事来找我，具体地说，就是孩子特别任性，经常因为一点小事与家里人大吵大闹。有一次，三个人一起上街，孩子看上了一个玩具，非要买，可是父母觉得家里已经有好几个类似的玩具，不想给他买。因为这个，孩子非常不高兴，当着很多人的面又哭又闹，甚至在地上打滚，赖着不走，让他们不知道怎么办才好。

等一问到具体原因，才发现不只是孩子如此，父母也是这样。

经常是两个人一闹矛盾了，都很不理智，相互教训，争执不下，甚至摔锅摔碗，母亲还经常回娘家。想想在这样的环境里，孩子会受到怎样的影响？孩子也只能够被他们"催眠"，一遇到问题，就用同样的方式来解决了。

在生活中我们要注意从各方面去影响孩子，帮助他们更好的成长。

要培养孩子的独立性

为了让孩子健康成长，我们要成为他们生活中的引路人。帮助他们尽早地独立生活，自己的事情自己做，独立地解决问题，这对他们的成长很有好处。

培养孩子的社交能力

要想让孩子尽早融入社会，平时我们应该让孩子多与别人接触，鼓励他们敢于在别人面前表现自己。有了这样的过程，他们就知道怎样与别人打交道。如果我们不鼓励他们这样做，他们就可能变得很胆小，很软弱，长大以后，也不敢与别人交往，变得很无助。

培养孩子的自信心

当孩子遇到困难时我们应该与他们一起去解决。比如孩子摔倒了，要鼓励他们站起来；与伙伴吵架了，告诉他们怎样避免冲突；学习成绩出现问题了，教会他们怎样改变。有了这样的经历，孩子就会受到鼓励，能力增加了，自信心在无形之中也会增长。

增强孩子的责任感

在生活中我们应该对孩子负责，需要我们出面的事情，应该毫不犹豫地为他们解决，比如孩子与别人吵架了，需要我们来调节；开家长会，需要我们和老师沟通等。对于孩子的这些要求如果我们不满足，他们就会觉得你没有责任感，受到影响，他们也会变得很随意，对什么都不在乎。我常常看到一些父母，自己并不努力，整天打麻将，打牌，却要求孩子要好好学习，结果他们的目标根本无法实现。

所以，我们希望孩子成为一个什么样的人，我们自己就要首先做到，这样你的目的才能够达到。在生活中，从每一件小事去影响孩子。这样"润物细无声"，在不知不觉之中，他们就会因为我们的影响而改变，成为我们最希望他们成为的人。

05 他快乐所以你快乐

我们越是关注孩子,就越会与他们变得亲密。这就像催眠一样,你越是关注一个人,把你的注意力全都集中在他的身上,你们之间的磁场就靠得越近,你对他的催眠就更容易成功。

有一个年青人给我讲了一个他的经历。他小时候,有一次考试得了满分,要知道,他平时成绩很一般,从没有考过前几名。但那一次不同,因为准备得比较充分,他第一次取得了这样的好成绩。此时他很想尽快把这个消息告诉父亲,与他一起分享这件好事。可是没想到,当他回到家里,正想跟父亲说这个事的时候,父亲却把他叫过去,不分青红皂白就把他打了一顿。原来,家里的一只手表丢了,父亲认为一定是他调皮,拿出去玩,然后丢在哪里了。其实根本没有这回事,是父亲一时忘记了自己放在哪里,后来过了很久才找到。

虽然最终父亲道了歉,但这件事情对他的影响很大,本来以前与父亲的交流就少,从那以后,两个人的话就更少了。直到长大以后很久,他还对这件事情耿耿于怀。

想想，如果这样的事情发生在我们身上，我们会怎么样？

快乐是孩子的天性，与孩子一起笑，才能够让他们快乐地成长，更能让我们与他们成为最亲密的人。如果总是拒绝孩子，不愿意与孩子一起分享他们的感受，彼此之间自然就会产生隔阂，他们甚至会对我们产生逆反心理，这样，再想管孩子的就很难了。

诺贝尔生理学奖获得者法国免疫学家多塞的父亲是一个优秀的医生，孩子一出生下来，他就希望孩子能继承自己的事业。为了让儿子喜欢上医学，他在孩子很小的时候就带着他一起观摩手术。但因为年龄太小，孩子看到血淋淋的手术场面很害怕，躲在柱子后不敢出来。父亲十分生气，上去就打了儿子几个耳光。结果，从那以后，多塞对医生更恐惧了。后来，父亲认识到了问题的根源，他让自己的助手带着多塞到卢瓦尔河漂流，并利用这个机会，向多塞介绍了很多有趣的医学知识，还讲述了很多医生为病人解除痛苦的故事。这样，多塞又重新燃起了对医学的兴趣，并最终做出了学医的选择。试想一下，如果不是有这样的过程，我们可能也看不到这样成功的多塞。

所以，不论在什么时候，都要与孩子一起思考，一起品尝生活的快乐，这样才能够和他们成为朋友。

心理学上有一个词叫"共情"，就是说，我们彼此之间要有相同的感情，才能够友好地相处。在催眠心理学里，也有一个词，叫做"深度互动"，意思是说催眠师与被催眠者要有很强的心灵感应，才能够互动，才能够把催眠进行下去。与孩子在一起也是一样的，多与他们一起行动，相互之间产生信任感，这样才能够让他们健康的成长。

有很多父母工作太忙，没有太多的时间陪孩子，有的还把孩子丢给别人，丢给学校管教。其实，长此以往，对孩子的成长很不利。因为与孩子的交流变少，他们就会对我们疏远，当我们想教育孩子的时候，就很难成功。

我曾经见过这样一对父母。自己平时很忙，都是把孩子交给别人带，只有在周末才与孩子在一起。可是很快问题就来了，虽然自己省去了很多时间，但是因为与孩子在一起的时间少了，孩子对他们也越来越陌生了，有时候回到家里，看到他们就躲，甚至连爸爸、妈妈都不愿意叫。

平时多和孩子交流，只要有时间，就应该多陪陪他们，和他们一起玩，一起出游，一起学习，这样，孩子与我们之间的关系就会改善，对我们更信任，他们也可以更好地成长。

第9章

催眠的力量大无边

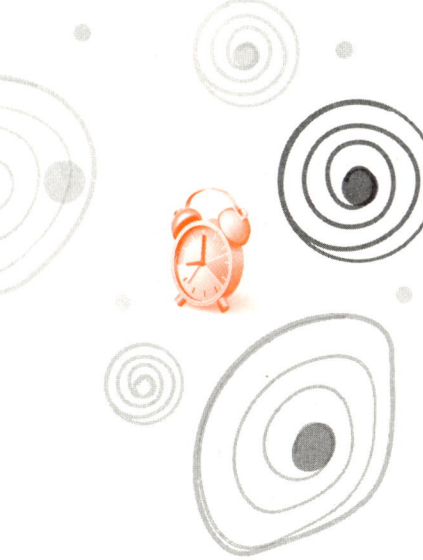

- 01 午休催眠,五分钟快速补充活力
- 02 失眠别担心,催眠让你夜夜好梦
- 03 浅眠别烦恼,催眠让你做个睡美人
- 04 正视烟瘾,催眠帮你轻松戒烟
- 05 催眠减肥,最不需要意志力的减肥法
- 06 释放压力,还身心轻松
- 07 走出失恋低谷,懂得真正的爱
- 08 催眠赐你吸引金钱的能量

01

午休催眠，五分钟快速补充活力

　　一上午的工作，再加上理不清的烦心事，让自己的身体和心情都是乱糟糟的，下午的工作又要开始，可该怎么办？每天都要一直承受这样的坏心情吗？其实完全可以改变，不妨来一下"午休催眠"吧。

　　不需要多少时间，也不需要花费很大的精力，只需要几分钟的放松，就可以轻松地让你进入到"睡眠"状态。一觉之后，一上午的疲倦一扫而空，你又可以精神百倍地投入到下午的工作当中去了。

　　还不想试试吗？

　　安静地坐在你的椅子上，双腿并拢，手自然地下垂，从头到脚都要放松，不要管别人在做什么。

　　尽量让自己平静地呼吸。

　　告诉自己："我要小睡一会儿，然后我就会精神百倍。"

　　这时你一上午工作的"残余"会不断地过来打搅你，比如一会儿想起上午那个没接的电话，一会儿想起同事给你的脸色，乃至领导的责骂。

不过这些都不要紧，既然它们发生了，就随它们去吧，要让它们好像没发生一样，完全不要在意。

然后你就会静下来，身体和内心都变很软软的，好像要睡着一样，甚至，你可能真的就睡着了。

在这个过程中，要告诉自己：

没有什么事情是一下子可以完成的，

没有什么事情是可以完美的，

没有什么是一帆风顺的，

生活是不可能让自己永远满意的。

老板不可能永远是体贴的，

同事不可能永远是合作的，

天塌下来，有地顶着，

坏心情，只是一瞬间，

再坏的事情，也会有解决那一天，

不烦不烦，永远也不会烦……

不断地告诉自己这些生活的真理，看看你会怎样？

在这个过程中，你的身体和心理会进一步的放松，一上午的疲倦会一扫而空，随后，能量会再次积聚，你又会感到精神百倍。

这时告诉自己："我要醒来，下午的工作即将开始，我将以崭新的姿态面对整个下午的工作。"

然后你就会醒来，如预期的一样，你会感到精神百倍，信心十足。

可以把电脑暂时关掉，以免邮件突如其来，或者MSN的提示声会打断你的思路。

桌上可以养一两盆小花，午休的时间看看它们的色彩，闻闻它们发出的清香，也可以帮助你很好地放松。

午饭不要吃得太饱，因为那会加重你的胃肠负担，影响你的"睡眠"。

可以听一听音乐，也能够得到很好的放松。

催眠完闭，站起身来，活动一下四肢、手腕和手指，用力搓一下脸，让面部的血液流动起来。

对周围的同事们笑笑，让上午的不愉快一扫而空，下午又是好心情了。

午休催眠很有用：

降血压。美国阿勒格尼学院研究人员的研究发现，工作压力大会使人血压升高，不妨催眠片刻，这样会有助降低血压。

保护心脏。希腊的研究显示，每周至少3次，每次自我催眠30分钟，可以有效地降低心脏病发病的几率。

增强记忆力。美国研究人员发现，午休时的自我催眠，可以让大脑得到充分的休息，避免因过度劳累让记忆力减退。

提高免疫力。中午1点是人一天中最疲惫的时候，这时睡个短觉，可有效刺激体内淋巴细胞，增强人的免疫力。

振奋情绪，赶走坏心情。午间催眠后可以有效地驱除压力，缓解情绪紧张，避免因过度紧张陷入到抑郁的情绪当中。

02 失眠别担心，催眠让你夜夜好梦

在我的咨询患者中，很多人都有失眠的问题。经常有人告诉我："每天晚上入睡之前都想的很好，今晚一定要让自己睡着，可是一到了上床的时间，就全变了。左面不行换右面，床头不行换床脚，数牛、数马、数羊，差不多什么办法都用过了，最后还是睁着眼睛到天亮，早上起来，心想，这一夜还不如不睡。这也太累了。结果，身心疲惫、浑身无力的去应对新的一天。"

遇到这种情况该怎么办？其实，失眠虽然很可怕，但并不是毫无办法，因为对于大多数失眠者而言，这些都是由于心理因素引起的。

心理学上一般认为，失眠是由心情紧张、焦虑导致的烦躁不安或情绪低落引起的。由于心情不能平静下来，一直处在亢奋期，当然也就无法入睡。虽然有一些慢性的疾病也能够引起失眠，比如肾病，哮喘等，但对于多数人而言，心理因素还是起到了重要的作用。

比如我咨询过的这样一位先生，每到周末就紧张，为什么呢？原因在于，一想到下周一要工作了，他就不想去了，想偷懒，结果就失眠了。还有一个人，一到考试之前就紧张，拉肚子，睡不好

觉，同样也会失眠。

虽然失眠的原因五花八门，但归根到底，都和我们的情绪紧张或者心情压抑有关。这时，能够让自己"沉静"下来就显得很重要。睡觉是一种正常的生理过程，劳累的时候自然就会感到疲惫，想入睡，但有的人因为心情过度紧张，或者压抑，结果反而睡不着了。

所以，用催眠治疗失眠的时候，一定要注意一个要点，那就是要休息好，要放松。因为只有放松，才能够让你紧张的心情释放出来，把你内心的压抑疏导出来，身体和心理回到一个正常的状态，这时再想入睡当然也就不难了。

比如有一位失眠的女士跟我说，她就是想晚上在家里裸着身体睡觉，不那样她就会感到紧张，她问我："这可不可以？"我说："当然可以，因为本身就没有什么错，你喜欢这样，而且也没影响到别人。"在得到了鼓励之后，她反而放松了，能够轻松的入睡了。

其实每一个人都有类似于这样的心结。只要你把它打开，就可以免除失眠的困扰。

放松可以在任何地方，比如床上、桌子边上、椅子上、地板上、家里甚至户外等，只要你愿意，想怎样都行。不要考虑自己的举动有多么奇怪，只要让你感到自然、感到身体的舒展即可。

放松的时间也没有一定的限制，可以是一个小时，也可以是几个小时，对于那些严重的失眠者，我甚至建议他们可以整夜的放松。选一个周末，反正有的是时间，晚上睡不着，白天再接着睡呗！

　　放松可以让你的身体重新回到正常的节律，这样就不会一到夜晚该睡觉的时间，你的身体就会突然兴奋起来，而到了白天，反而昏沉沉的没有精神。

　　为了增加催眠的效果，还可以做一些辅助的准备。

　　家居摆设要随意一些。

　　有的人喜欢把房间弄得整齐无比、一尘不染的，其实太过整齐的房间反而会让你兴奋。房间的摆设大方自然即可，不要太追求完美，那会让你精神紧张，反而睡不着。

　　对于可能引起你心情不佳的家庭矛盾、感情纠纷要学会放在一边，因为这些事情你想的越多，就越没头绪。

　　对于有些可能引起失眠的疾病，比如胃病，哮喘等要及时医治。因为它们也可能会破坏你身体的舒适感。

　　睡前不要做太多的活动，比如有的人喜欢在睡前锻炼，或者吃很多东西，这都会影响催眠的效果。

　　可以做一些睡眠诱导。比如聆听音乐，听窗外的风声，汽车路过的声音，虫叫声等。它们也能够起到舒缓神经，减少内心压抑的作用。

　　如果感到腹中饥饿的话，可以喝一杯热牛奶。牛奶中含有微量吗啡，可以减少疲劳，安定神经。

　　如果因为过度疲劳而难以入睡，可以吃一些香蕉、梨等一类水果。它们有安神的作用，可以减少大脑皮层有关物质的分泌，让你快速进入睡眠状态。

记住一点，用催眠治疗失眠，就是要顺其自然，要尽量地放松，让你的身心进入到有规律的生活节奏当中，这时你就会自然地产生睡眠的需要。越是紧张，就越是难以入睡。越是自然，就越是轻松，失眠会在无形中消失得无影无踪。

如果你能够做到这一点，相信一定可以睡个好觉，让你的每一天都精力充沛，信心百倍！

03

浅眠别烦恼，催眠让你做个睡美人

很多人都有一种"浅眠"的习惯，就是在呼呼大睡之前，介于睡与非睡之间的一种特殊的状态。或者早上起床之前，"懒"在床上一会儿，要睡着又没睡着，没睡着但又迷迷糊糊的。其实这样的睡眠效率是很低的，得不到很好的休息不说，还会浪费你的时间，消耗你的精力。这时不妨做几下催眠运动，既可以让自己更好地休息，醒来之后精力充沛，又可改善你的微循环，让你成为一个睡美人。

尝试着按照下面的办法去做：

让自己尽量舒适地躺在床上，用你最喜欢的姿势。不要让任何东西阻碍你的身体，比如丝被、枕头，把它们放在一边。把电视、收音机都关掉。这样可以保证你很快的入静。

用你最大的力气吸进一口气，感觉身体好像在膨胀一样，直到它充满你的身体，再慢慢地把它吐出去。这样，你身体里的所有的不愉快、疲惫、紧张以及压力，都随着它一点一点地释放到空气当中去了。

你感到身体越来越沉重，一动都不想动，好像马上就睡着一样。但是你的心情却不一样了，刚才还是很沉重的，现在变得越来越敞亮，越来越轻松。

你感到自己的面部的每一个细胞，每一个血管，好像都在膨胀，你的身体每一寸肌肤都在努力地向外张开。

这时，可以活动一下身体。

活动一下手指，比如伸开，握紧，反复几次。

活动一下手臂，左右转动几下，试着伸直，再放松，反复几次。

在这样的过程中，你感到浑身的肌肉好像都被拉紧了，随后又被放松。

你的身体越来越舒服，你感到那种前所未有的愉悦，不仅如此，你的身体更放松了，不再有以前那种疲惫的感觉。

你的身体就好像一个工厂，所有的机器都休息了，所有的员工都下班了。但你仍然安安静静的在那里，享受着生活中的每一刻。没有一点动静，没有半点声音。

放松，再放松，不需要有任何想法。

只是让自己全然地放松。

用手抚摸自己的每一寸皮肤，让指尖在皮肤上轻轻地掠过，你会有一种自我陶醉的感觉。

也可以用手轻轻的抚摸自己的脸，做洗脸的动作。

你的脸好像也变得光滑红润了。

好了，现在是该让你入睡的时候了。

告诉自己："我该睡了，我会做一个好梦。在睡梦中，我的姿态会变得很美很美，好像是一个睡美人，当我醒来的时候，我会容光焕发，让每一个看到我的人都喜欢我。"

如果你坚持这样去做，你的外表、气质都会发生极大的变化。

我经常要求一些女孩子去做这样的催眠，她们中有很多人因为感情问题心力憔悴，经常整夜地、翻来复去地想生活中的那琐事，结果早上起来不得不靠化妆来弥补身体上的倦容。在按照我说的办法去做之后，她们发现再不用那么依赖化妆品了。因为身体自动的调节就足以让她们变得很美丽，这真是让很多人都没想到。

为了让这种"浅眠"状态下的效果更好，还可以注意几点。

睡前可以用清水洗脸。清水可以改变你的皮肤的光滑程度，也可能给你一个干净、整洁的心理暗示，在你休息的时候，会自然地产生一种温暖舒适的感觉，有助于你的健康。

睡前做适度的按摩。从手指、脚踝到身体的每一块肌肉，每一寸皮肤，都尽量的舒展开。

用手掌轻轻拍打身体各部位的肌肉，它能够增加你身体的弹性，让你看上去更性感，更有活力。细细地体会你的手掌在身体上面掠过时的顺滑感，它能够让你自我陶醉。

然后，等待自己醒来，意想不到的事情就会发生。

04

正视烟瘾，催眠帮你轻松戒烟

据世界卫生组织调查，在工业发达的国家，吸烟的人数占所有癌症者的90%；死于支气管炎的群体中，吸烟的人数占75%；死于心肌梗塞者，吸烟的人数占25%。吸烟不但给本人带来危害，而且还殃及子女。丈夫每天吸烟的数量与胎儿产前的死亡率和先天畸形儿的出生率成正比。父亲如果不吸烟，子女先天畸形的比率为0.8%；父亲每天吸烟1~10支，其比率为1.4%；每天吸烟10支以上的比率为2.1%。孕妇本人吸烟数量的多少，也直接影响到婴儿出生前后的死亡率。我以前也天天吸烟，虽然知道吸烟有害健康，可是戒了很多次也没成功。一些吸烟者在主观上认为吸烟可以解除疲劳、振作精神，实际上这是尼古丁引起的快感。

可是，一旦不吸，等到烟瘾上来时，"抓心挠肺"的感觉，可真不好受。这时该怎么办？

突然停吸或减少香烟，24小时内至少会有下列种种不适的症状：渴望吸烟、烦躁、忧郁、精神难以集中、不安定、头痛、昏昏欲睡、胃肠功能失调。

用催眠来戒烟，其根本就是用催眠时产生的心理依赖感，来替代吸咽时产生的快感。

方法很简单。

伸展一下四肢，活动一下身体，

然后闭目养神。

在这个过程中，你可能会觉得特别焦虑，因为身体的疲惫，或者烟瘾引起的感觉会变得很强烈，让你感到十分的焦虑。

这时手边可以放上一杯清水，因为在戒烟的过程中你可能感到烦燥，口渴，拿起来喝几口，会缓解很多。但不要急于一口喝下。而是要一口一口地抿。细细地体会它的滋味，好像从中可以品尝到很多味道，各种能够让你的身体感到舒服的滋味都可以"尝到"。

在这个过程的间歇中，继续让自己保持一种"半睡眠"状态。

如果那种身体好像十分干渴的感觉又来了，可以继续拿起水杯抿几口。

重复上面的这一过程。

看看你的身体是不是得到放松，那种疲惫以及烟瘾上来时撕心裂肺的感觉，是不是减少了许多？

此外在生活中也要注意这种对身体的休养与调整。

比如在早上醒来时，不要急于起床，因为起床之后你的第一件事很可能是抓起一根香烟，又吞云吐雾起来。人在刚睡醒的时候，往往并不是很清醒，甚至还有些疲惫，所以有人往往在此时选择吸烟，但一天的生活这样开始，后面又会怎样呢？

所以，在被窝里做几次放松运动，趁着自己还没完全清醒时，告诉自己："我感觉身体很舒服，很棒，我想吃一顿丰富的早餐。"或者："今天的天气很好，我要出去走走。"

这时再看看会有什么发生？

你的那种强烈的想吸烟的感觉就会减少许多。取而代之的是一种积极的状态，你会暂时把烟瘾抛在脑后。

当你已经工作或者学习了一段时间，正想放松一下，不过烟瘾刺激神经的感觉又会加强。这时一定不要急于掏出香烟，站起来到户外走走，或者就在窗户旁边，双手合拢，并且用力地压挤你的手指，直到感到酸痛。

在生活中，如果烟瘾发作，还有很多办法可以解决。

比如因为烟瘾带来的疲惫，可以小睡片刻，多给自己一点睡眠时间。

因为烟瘾带来的心情紧张、焦虑不安，可以散散步，洗个热水澡，舒缓一下自己的神经。

如果因为烟瘾使身体感不适，比如头晕、恶心、头痛等，可以适当地休息一下。

如果因为烟瘾变得发脾气，先远离别人，自己安静一会儿，可以有效地减少自己的坏情诸。

如果因为戒烟失眠，可以在睡前轻微活动一下身体，比如慢走一会儿，在室内做些体操，舒缓一下神经。

应对戒烟带来的头晕：要加倍小心，换姿势时动作要缓慢。

日常饮食中加进含纤维的食品，如水果、蔬菜和全谷麦类食物，减少胃肠压力。还可以防止戒烟时暴饮暴食变得发胖。

另外还可以告诉别人你正在戒烟。

这也很必要。别人知道了你不想吸烟了，就不会再引诱你了。可以避开烟雾弥漫的酒吧、办公室以及爱吸烟的人，发现能帮助你戒烟的新环境。

很多女性都承认，她们抽烟的动机并不完全同男人一样：只是为了缓解压力。很多人还是想争取和男人平等的自信和看起来更性感。可是，当你悠然自得地吞云吐雾的时候，有没有想过，自己在为这自信和性感付出什么吗？其实，自信、性感何须香烟？

有了这些办法，我相信你一定会戒烟成功。实际上我就有很多朋友通过它们，戒除了好多年的严重烟瘾。究其原因，就在于催眠能够改变一个人的神经过程，进而消除一个人对于烟草的依赖。

05
催眠减肥，最不需要意志力的减肥法

催眠还能够减肥，你信吗？

这个是千真万确的。原因并不复杂。因为我们的身体都是受自己的内心愿望驱动的。如果你能够把"希望体重减轻"的指令发送到潜意识当中，那么我们的身体就会自动地执行它。我们的身体就会像一台"烘干机"一样，自动地把你身体内的脂肪烘干。

在英国有一位爱玛·伊芙莉女士就通过一系列催眠疗法成功减肥。她的体重原本有86公斤，减肥后大约只有60公斤，整整减掉了25公斤的赘肉。要说过程，一点都不复杂，不像很多人节食靠跑步、吃很多减肥药品，她只接受了4次催眠减肥治疗，就取得了这样的效果。

她的心理治疗师海明斯通过语言暗示让她进入到一种催眠状态，然后告诉她："你现在正在接受缩胃减肥手术，你的胃将变得很小很小"。当她从催眠中醒来时，感觉自己的胃好像真的变小了。每次只吃一点点东西就觉得已经很饱了。从那以后，她就再也不像以前那样暴饮暴食了。而且，她的性格也改变了很多，不像以前那样易怒，情绪不稳，变得乐观开朗了许多。

当然，这种催眠有一点过度暗示的嫌疑，因为我们通常是不能告诉一个人，你的胃正在接受手术，而且将会变得很小很小的。它可能会给病人带来心理伤害。但它给我们一个启示，我们确实可以通过催眠来改变一个人。

我就曾经对一位女孩子进行过催眠减肥。她因为早年家庭环境不太好，导致性格有些古怪，因此经常会吃很多东西来打发时间，结果体重增加了不少。

在催眠状态下我告诉她："你不需要吃那么多东西，因为你的身体已经有了足够的能量，你将能够从以前的创伤中走出来，变得快乐，不再需要靠吃东西来打发时间。"

从那以后，她果然不再像以前那样没休止地吃东西了。

你可能也会有暴饮暴食的习惯，这时，不妨试一下催眠减肥吧，不仅能够让你只吃"一点东西"就感觉很饱，还能够让你的心情变得轻松。更重要的是，它可以不接触那些可怕的减肥法，比如每天只吃几个水果度日，服下大量的减肥药物，在跑步机上没命地长跑……却同样也可以起到瘦身的效果，是不是让人感到很欣慰？

当你感到腹中很饿，恨不得马上大吃一顿的时候，一定不要着急，因为这可能只是你的生理反应，但其实你的身体并不一定是很需要那么多的能量，只是因为长久以来的生活习惯形成了一种定势，你感到有一点饿时，就会想："一定要吃很多东西才能够满足。"

这时，就让催眠来满足你吧。

请闭上眼睛，不管你在哪里。让自己尽量地放松，这时你内心的感觉就会增加。

你可能会感到腹中有火烧一般的痛，因为那正是饥饿的感觉来了。如果不马上处理它，甚至你感觉可能会马上昏倒了。

但是不要着急，告诉自己："再等一会儿，我虽然很饿，但是可以再坚持一会儿"。

然后再闭一会儿眼睛，让自己的情绪平静一下。体会一下刚才的那种强烈的饥饿感是不是减少了很多？

再对自己说一遍："没关系，再等一会儿，然后我再吃东西。"

反复重复几次。

你还会有那种急于进餐的感觉吗？

旁边可以准备一些水果和清水，必要的时候吃上一个，或者喝上一口，它们可以起到替代作用。它们也可以对你有一种暗示，让你产生一种"饱"的感觉。

这样的催眠结束时，再让你坐到丰盛的餐桌旁边，看看你现在对那些食品还是那么有兴趣吗？你会发现自己的食量很快地就会恢复正常，再不像以前那样没有节制了。

在你腹中不那么饥饿的时候，也可以进行催眠训练。放松，然后尽量地让身体舒展，直到身体的每一个细胞都好像伸展到极限一样，想象着你身体内的各种脂肪正在燃烧，这时你自然的会感到很热，其实这就是你的身体接受了指令，开始调动自己，充分的分解脂肪的结果。

时常进行这种训练是十分有用的，它可能让你身轻体健，同时又心情快乐。而且不用承担节食减肥、运动减肥乃至药物减肥等各种方法带来的痛苦。

催眠减肥具有以下几个方面的优势：

改善皮肤，让你的皮肤变得更细腻光滑，更有弹性。

改善睡眠品质，让你每天都拥有充沛的精力。

使你更健康和自信,每天都神清气爽,充满活力。

帮助你减缓压力、延缓衰老、提高免疫力、预防各种疾病。

提高记忆力、提高工作、学习效率。

此外,催眠减肥还可以帮助你形成良好的生活习惯,比如:

定时用餐。

减少对垃圾食品的依赖。

适当的运动。

保持心情愉快。

……

通过催眠把这些意识变成你的生活的一部分时,你就会自然地拥有一种健康自然的生活方式,再也不会因为瘦身而烦恼了。

06 释放压力，还身心轻松

许多朋友对我抱怨："现在的生活真是紧张，早上天刚刚亮就得出发，晚上顶着星星月亮回到家里，无论怎样工作，都不能让老板满意；家，似乎也没有温暖，一个只仅供睡觉的地方，每天的大部分时间都在公司度过，想想这样的生活，真是让人感到没希望。"

的确，现代人的生活压力普遍很大。不仅要面对家庭、子女教育的种种问题，在工作中还会常常感到不满意，经常是早上忙完了晚上忙，平时忙完了周末忙，娱乐休息时间没有了，锻炼放松的时间也没有了，最后自己身心俱疲，甚至崩溃。

当心理压力过大时怎么办？这时不妨试试催眠。催眠有很好的调节人的神经的功效。可以让你很自如的放松，同进还能改善你的心情，调整你的人际关系，让你的家庭更和睦，生活也更快乐。

当你感觉心理压力过大时，往往会表现在以下这些方面：

消化系统问题，比如胃肠不适、腹泻等。

食欲不振。

紧张，失眠。

头痛，掌心冰冷或出汗。

情绪方面，可能出现易怒、紧张、冷漠、焦虑不安等情况，容易崩溃。

可能会有过度吸烟、饮酒等情况出现。

人际关系紧张，对人、对事毫无兴趣。

家庭矛盾激化。

注意力分散，记忆力下降。

态度消极，优柔寡断。

……

以一个患有焦虑症的朋友为例，因为老板给她指派了很多的工作，所以经常会感到无法应对，压力很大。她甚至对上班产生了一种恐惧感："与其这样，还不如不去。"每天一到上班时间就感到恐惧，不想去，可是又不能不去，结果因此患上了焦虑症，经常心不在焉。

后来我告诉她："不妨试试催眠吧。"其实她就是因为总想逃避、害怕面对生活而变得心情紧张。这时也要从这里入手。

我告诉她按这样的方法去做：

每天上班之前，花五分钟为自己减压一下。

在出发之前，坐在椅子上，闭上眼睛，让自己尽量安静三分钟，这时身心都会有很大的放松。

尽量的让自己微笑，想像着一天的工作，有哪些事情是不能克服的呢？让自己的心情变得好起来。

在大脑里想象自己与老板、与同事合作的情景，看看他们是不是那么面目可憎？

想象出自己的老板、同事,告诉他们自己的难处,他们还会不理解你吗?

想象这一天的工作:"其实不就是那些自己早就轻车熟路的事情吗,哪还需要那么忙?"想到这里,就会感到快乐许多,新的一天就要开始,但这只是很平常的一天,不需要让自己那么害怕。

在镜子里对自己笑笑,看看你的样子,多美好啊!有谁会不喜欢你?

就是这样一个小催眠,很好地解决了她的焦虑心理,使她恢复了健康。

在生活中有很多办法为自己催眠减压:一般只需要闭上眼睛,然后让自己入静,在心里呼唤自己的名子,让自己的情绪不再那么紧张,让自己的心情舒缓下来。就这样一件简单的事情,只是几分钟的时间,就可以在很大程度上改变你的生活。

我遇到过这样一位企业老总,他说,平时工作太累,经常是忙得喘不过气来,没办法,只好利用工作间隙为自己催眠减压。具体的做法就是,一有时间,就微闭上眼睛,休息一会儿,哪怕是听别人说话呢。有很多时候,别人讲话的声音也能够让你安静下来。一边听别人说话,一边告诉自己:"镇静下来,不要让自己太紧张。"效果真的好了许多。

此外,还要注意在生活中多调整自己,它们同样也可以起到减压的效果。

多与朋友交往

如果需要享受生活,却又没有时间和家人、朋友快乐共处,那就很难达到目的。没有朋友的爱护,没有家人的关怀,你会感到越来越孤独,精神会越来越紧张。

适当的娱乐

不要总是把自己关在家里，适当的娱乐，以任何方式都行，登山、跑步、玩卡丁车、听音乐……在放松之后，你的心态就会改变许多，重新回到一种积极健康的状态。

适当的饮食

如果想减压，就要少吃鱼肉这样容易加重身体负担的食品，瓜果蔬菜自然要多吃，另外多吃一些富含维生素的食品，比如猕猴桃，富含维C，尤其是女孩们一定要记得多吃，维生素C不但减压，还能美白，让你更漂亮。

运动减压法

运动能够缓解压力，让你保持平和的心态，这是因为运动中可以产生腓肽。腓肽是人体内的一种激素，可以让你产生快乐的感觉，因此又被称为"快乐因子"。当运动达到一定程度时，它会把压力和不愉快带走。

如果你能够做到这些，我想你一定能够在催眠中改变自己，让自己远离压力的困扰，成为一个心情轻松、快乐生活的人。

07 走出失恋低谷，懂得真正的爱

我曾治疗过一位因为陷入到失恋痛苦中不能自拔的男孩子。因为失恋，他对谁都不信任了，跟家人也不来往，把自己一个人锁在房间里，很久都不出来。女孩子最终没有选择他，一方面是因为他的个子比较矮；另一个原因是他个性比较犹豫，迟疑不定。本来女孩子还是很喜欢他的，但是因为他迟迟不肯表白，结果女孩子最终选择了离开。

我让他半躺在一张舒服的椅子上，尽量放松，然后，用平缓的语气引导他进入到催眠状态。

在催眠状态下，男孩显得十分平静，注意力全部集中在我的引导与暗示上。为了帮助他解除自己内心的痛苦，我要求他再现了自己失恋时的痛苦体验。当回顾这些情景的时候，他的情绪起伏很大。

为了帮助他摆脱这些情况，我开始用积极的指令引导他改变自己的内心世界，我告诉他："你现在感到全身舒服，心会变得越来越平静，想到那件过去的事情，你似乎轻松了许多。你的心情越来越舒畅，越来越好……"

"你现在感到心情好多了,让积极和快乐重新充满你的内心世界,你会开心起来。去体会你现在的这种感觉,把它保持下去,一直保持下去。"

"你要保持自信,对自己始终充满信心。"

"你现在可以醒来,你感到一切都很好。"

……

当他醒来的时候,刚才还很痛苦的表情完全没有了,还露出了微笑。在催眠过程结束的时候,他真的变得快乐起来,好像这件事对他的影响并没有那么大。

催眠对于减轻一个人由于失恋带来的痛苦是很有好处的。因为催眠不仅可以让你获得一种心理上的放松,更重要的是,可以给你很多感情上的安慰,给你很多信心。同时,在正确的引导下,还能够让你发现自己的问题,让你的下一次恋爱更成功。

也是一个女孩子,总是因为一些小事与男友发生口角,最后两个人不得不分手了,此后她很痛苦、消沉。她对我说:"感情的失败让我难以接受,但更让我难以接受的是,为什么他不能够理解我的种种苦衷,不能够理解我其实只是想把自己的情绪发泄出来。"

当我把她引入到催眠状态下时,一方面,我通过积极的疏导帮助她恢复信心;另一方面,我也告诉她:"在感情之中应该尽量避免争吵,尤其不要因为一些生活中的小事争吵,要学会相互体谅,这样你的感情才能够成功。"

有了这样的疏导以及不断地鼓励,她果然有所好转。催眠对她的性格有了很大的改变,她不像以前那么爱唠叨、总为一些小事喋喋不休了。在新的感情经历中,她成功地找到了自己的意中人,这其中,催眠可谓功不可没。

当你喜欢上了谁,却因为种种原因不能够在一起时,不妨用催眠来改变一下自己吧。

让自己进入到一种催眠的状态。

尽量体会那种温暖、舒适,好像有人在拥抱你的感觉。使你感到生活中的每一天都是幸福的。

告诉自己：

生活中的一切都会改变。

我将变得更强大、更富有。

我将会变得更漂亮,更有自信。

我的性格将会改变,更通情达理,更有理解力。

我将会得到别人的关心和支持。

我将学会关心别人、支持他们。

我将会找到我最亲爱的人。

我将会拥有幸福的生活。

然后看看你会有什么变化?

我想你一定会发现自己突然之间心情豁然开朗,好像经历了种种挫折时,突然有一种顿悟的感觉,似乎瞬间明白了许多生活中的真理,你将会找到许多与别人相处的秘诀,再不会为自己的坏脾气发愁,再不会为一些无谓的小事烦恼,这样你的感情自然就会成功了。

这就是一种爱情中的催眠,它可不是让你自我陶醉,它确实可以改变你的内心,让你变得更强大,更富有魅力,能够更好地吸引别人,这样,你的感情当然也就会成功。

08
催眠赐你吸引金钱的能量

催眠可以获得财富，这可能是你意想不到的。

这是因为催眠不仅仅可以帮助别人或者帮助自己改变，更重要的是，它可以通过对你的改变，使你获得一种强大的吸引力，把各种有价值的东西都吸引到你身上来。

心理学里有一个术语，叫做"吸引力法则"。它的意思是说，当你能够改变自身、让自己变得强大时，你自然地就能够产生一种神秘的力量，它就像旋转的星系一样，自然地会把别人吸引过来，到那时，成功与财富也就不远了。

这样说并不是夸张。

据说，雅虎的创始人之一大卫·费洛，在从事雅虎搜索的工作之前，只是一个默默无闻的小办事员，虽然他在专业知识、个人能力方面都很出色，但是因为不会表达自己，不能够让别人认识自己，几乎没有谁知道他。他就这样默默无闻地过了很多年。后来在一次偶然的机会中，他接受了别人的建议，如果想获得成功，就要以一种积极的方式去鼓励自己，比如要告诉自己不再自卑、胆小，而是变得开朗、大方；不再软弱，而是变得积极、强大。结果从那时起，凡是与他相处的人都感受到了他内心的变化，从那以后，他越来越受大家欢迎，逐渐成为了领导者。

当我们用催眠改变自身时，正所谓"爱屋及乌"，这种改变也会从我们内心延展到生活中，时刻对别人产生影响，这时各种可能使你成功的机遇、财富就会接踵而来。

我遇到过一位咨询者，他曾经是一个很自卑的人，觉得自己既没有资历，也没有能力，所以根本不可能成功。他从来不敢有什么梦想，因为他觉得有了也不可能实现。后来我用催眠的方式鼓励他，我告诉他说："你之所以这样认为，仅仅是你'习惯于这样认为'而已，如果你不再这样看待自己，生活就会不一样。"

从那以后，他不再以一种消极的态度看自己，而是把自己看成是一个成功的、有能力的、可以发现机会的人，结果他变得自信和强大起来，从前那些不喜欢他的人，现在都变得喜欢他了。

这其中的道理并不复杂：当你内心发生变化的时候，你的"气场"就会变化，别人就会自然地被你所吸引，你就可能成为别人的领导者，然后财富就会滚滚而来。

所以，从现在开始，用催眠去改变自己吧。

当你自己变得自信时，别人也会受你的自信变得对你有信心；

当你自己变得强大时，别人也会因为你的强大而愿意让你更强大；

当你自己讲话富有煽动性时，别人更愿意接受你的影响；

当你向往财富时，别人也会愿意与你一起追求。

这既是一种感情的共振，也是一种心理上的沟通。一旦达成这种默契，财富就会自然而来。

看看那些在事业上成功的商人，或者巨子，有哪一个不是如此呢？

可以尝试着按照下面几点去做：

描述你的愿望，每天都告诉自己你想得到什么，你希望实现什么。

在头脑中不断地去想象能够让你成功的每一个细节。

每天对自己笑三分钟，然后告诉自己："我一定能够成功。"

对每一个你见到的人微笑。

与每一个人积极的交往，让他们认识到你自信、强大的那一面。

把梦想当成现实来对待，好像它们明天就可以实现一样，这样你就不会松懈。

忘掉眼前的烦恼，不要沉湎于过去。

不要计较生活中的小事，去做那些最能够使你成功的事情。

即使失败的时候也要看到生活中阳光灿烂的一面。

即使是失败了，也要坚信自己，再试一次一定能行。

学会去影响别人，快乐地度过生活中的每一天，不要让忧愁控制你。

学会珍惜生活中的每一个朋友，珍惜自己。

看看你会发生什么变化？

这就是一种催眠，是对你的身心状态的一种彻底的改变与调整，是对你的能力的一种激发，你将会因为发生改变而容光焕发，富有魅力和胆量，别人会因为你的改变而自动地接纳你，成为你的生活中的一部分。这时，你自然就会变得成功。